U0257618

Mastercam 数控加工实例教程

编著　贺建群　王尚林　张俊良　张伟雄

主审　贺学农

机 械 工 业 出 版 社

本书采用案例讲解，共 5 章，内容包括二维铣削加工、三维铣削加工、数控车削加工、车铣复合加工、多轴加工。每章包括 2～3 个典型案例，每个案例都包含零件介绍、工艺分析和操作创建 3 个部分，有些案例还有相关知识介绍，其中操作创建部分包括绘制图形、选择机床、材料设置、规划刀具路径和后处理，每章最后还有小结、练习与思考。为配合读者学习，本书配有实例文件，可联系 296447532@qq.com 获得。

　　本书可作为大中专院校大机械类专业的 CAM 教材和培训机构的培训教材，也可作为数控加工领域专业技术人员的自学参考书。

图书在版编目（CIP）数据

Mastercam 数控加工实例教程/贺建群等编著．—北京：机械工业出版社，2015.10（2023.1 重印）
　ISBN 978-7-111-51358-2

　Ⅰ．①M…　Ⅱ．①贺…　Ⅲ．①数控机床—加工—计算机辅助设计—应用软件—教材　Ⅳ．①TG659-39

　中国版本图书馆 CIP 数据核字（2015）第 202825 号

机械工业出版社（北京市百万庄大街 22 号　邮政编码 100037）
策划编辑：周国萍　　　责任编辑：周国萍
责任校对：张晓蓉　　　封面设计：路恩中
责任印制：郜　敏
北京富资园科技发展有限公司印刷

2023 年 1 月第 1 版第 7 次印刷
184mm×260mm・20 印张・490 千字
标准书号：ISBN 978-7-111-51358-2
定价：56.00 元

电话服务　　　　　　　　　　网络服务
客服电话：010-88361066　　机　工　官　网：www.cmpbook.com
　　　　　010-88379833　　机　工　官　博：weibo.com/cmp1952
　　　　　010-68326294　　金　书　网：www.golden-book.com
封底无防伪标均为盗版　　机工教育服务网：www.cmpedu.com

前言 Preface

　　Mastercam 是美国 CNC Software 公司开发的基于 PC 平台的 CAD/CAM 软件。Mastercam 是经济有效的全方位的软件系统，是工业界及学校广泛采用的 CAD/CAM 系统。它集二维绘图、三维实体造型、曲面设计、体素拼合、数控编程、刀具路径模拟及真实感模拟等功能于一身；具有方便、直观的几何造型，提供了设计零件外形所需的理想环境，其强大稳定的造型功能可设计出复杂的曲线、曲面零件。Mastercam9.0 以上版本不仅支持中文环境，而且价位适中，对广大的中小企业来说是理想的选择。

　　本书内容采用实例讲解，案例典型，具有代表性，并且在编写过程中尽量将复杂问题和操作步骤简化，充分考虑实际加工因素的影响，最大限度地贴合生产实际。

　　在案例讲解过程中，既有操作步骤介绍，又对应有图例和解说，重要的地方还有友情提示和操作技巧，尽量将知识和信息以及重要的内容以最直接、简明的方式呈现给读者。为配合读者学习，本书相关实例文件可通过联系 296447532@qq.com 获得。

　　本书可作为大中专院校大机械类专业的 CAM 教材和培训机构的培训教材，也可作为数控加工领域专业技术人员的自学参考书。

　　本书由江门职业技术学院教师编著，第 1 章由张伟雄编写，第 2 章由贺建群、王尚林编写，第 3、4 章由贺建群编写，第 5 章由张俊良编写，全书由江门利华实业有限公司贺学农主审。

　　由于编著者水平有限，书中难免有错误和不足之处，恳请广大读者提出意见和建议。

编著者
2015 年

目录 Content

第 ① 章

二维铣削加工

1.1 实例 1——外形轮廓零件数控铣削加工

1.1.1 零件介绍

外形轮廓零件和尺寸如图 1-1a 所示。除底面已加工外，其余表面均需要加工，即需要进行平面铣削和外形轮廓铣削等加工。完成后的零件如图 1-1b 所示。

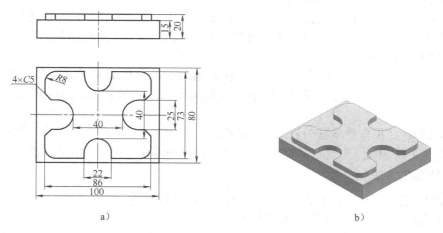

a) b)

图 1-1 外形轮廓零件

a）零件尺寸图 b）完成后的零件

1.1.2 工艺分析

1. 毛坯尺寸

该零件毛坯尺寸已铣至 100mm×80mm×22mm，仅要求加工零件上部外形轮廓，并去除 2mm 的上表面余量。

2. 零件形状和尺寸分析

该零件形状简单，外形轮廓是在一个 86mm×73mm×5mm 的长方体的基础上倒去 4 个 R8mm 的圆角，在前后开凹槽 22mm，左右开凹槽 25mm 并进行倒角 C5mm。

3．工件装夹

较大工件可直接安装在工作台上，用压板夹紧；较小工件可采用平口钳装夹。此处用平口钳装夹。

4．加工方案

根据数控加工工艺原则，先对上表面进行铣削加工，对于比较大的表面，选择面铣刀加工不仅生产效率高，而且表面质量好；外形轮廓铣削，先采用 φ16mm 的平底刀进行开粗加工，留 0.2mm 余量，再用 φ10mm 的平底刀进行精加工；根据上述分析，外形轮廓零件数控加工工艺路线如下：

平面铣削→外形铣削粗加工→外形铣削精加工。

1.1.3 相关知识

1．切削加工顺序的安排原则

总的原则是前面工序为后续工序创造条件，作为基准准备。具体原则如下：

1）先粗后精。零件的加工一般应划分加工阶段，先进行粗加工，然后半精加工，最后是精加工和光整加工，应将粗、精加工分开进行。

2）先主后次。先安排主要表面的加工，后进行次要表面的加工。因为主要表面加工容易出废品，应放在前阶段进行，以减少工时浪费。次要表面的加工一般安排在主要表面的半精加工之后、精加工之前进行。

3）先面后孔。先加工平面，后加工内孔。因为平面一般面积较大，轮廓平整，先加工好平面，便于加工孔时定位安装，利于保证孔与平面的位置精度，同时也给孔加工带来方便。

4）基准先行。用作精基准的表面，要首先加工出来。所以，第一道工序一般是进行定位面的粗加工和半精加工（有时包括精加工），然后再以精基面定位加工其他表面。

2．平面加工方法

平面的主要加工方法有铣削、刨削、车削、磨削及拉削等。

精度要求高的表面还需经研磨或刮削加工。

图 1-2 所示是常见的平面加工方案。

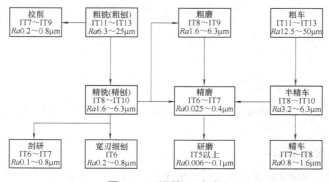

图 1-2　平面加工方案

3. **内孔表面加工方法的选择**

内孔表面的加工方法有钻孔、扩孔、铰孔、镗孔、拉孔、磨孔以及光整加工等。图 1-3 所示是常用的孔加工方案。应根据被加工孔的加工要求、尺寸、具体的生产条件、批量的大小以及毛坯上有无预加工孔合理选用。

1）加工公差等级为 IT9 级的孔。当孔径小于 10mm 时，可采用钻—铰方案；当孔径小于 30mm 时，可采用钻—扩方案；当孔径大于 30mm 时，可采用钻—镗方案。工件材料为淬火钢以外的各种金属。

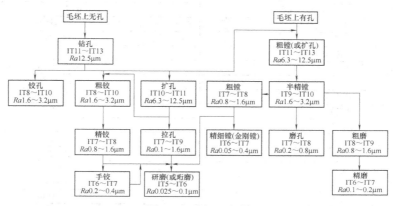

图 1-3　孔加工方案

2）加工公差等级为 IT8 级的孔。当孔径小于 20mm 时，可采用钻—铰方案；当孔径大于 20mm 时，可采用钻—扩—铰，此方案适用于加工除淬火钢以外的各种金属，但孔径应在 20～80mm，此外也可采用最终工序为精镗或拉的方案。淬火钢可采用磨削加工。

3）加工公差等级为 IT7 级的孔。当孔径小于 12mm 时，可采用钻—粗铰—精铰方案；当孔径在 12～60mm 时，可采用钻—扩—粗铰—精铰方案或钻—扩—拉方案。若加工毛坯上已铸出或锻出的孔，可采用粗镗—半精镗—精镗方案，或采用粗镗—半精镗—磨孔的方案。最终工序为铰孔适用于未淬火钢或铸铁，对有色金属铰出的孔表面粗糙度值较大，常用精细镗孔代替铰孔。最终工序为拉孔适用于大批量生产，工件材料为未淬火钢、铸铁及有色金属。最终工序为磨孔的方案适用于加工除硬度低、韧性大的有色金属以外的淬火钢、未淬火钢和铸铁。

4）加工公差等级为 IT6 级的孔。最终工序采用手铰、精细镗、研磨或珩磨等均能达到，应视具体情况选择。韧性较大的有色金属不宜采用珩磨，可采用研磨或精细镗。研磨对大、小孔加工均适用，而珩磨只适用于大直径孔的加工。

4. **确定加工余量的方法**

1）计算法。用计算法确定加工余量，是最经济和准确的，但是由于难以获得齐全可靠的数据资料，所以一般应用得较少。

2）经验估计法。根据以往加工的经验，估计加工余量的大小。为避免因加工余量不够而产生废品，所以一般估计的余量偏大，只适用于单件小批量生产。

3）查表修正法。依据《工艺手册》直接查找加工余量，或者根据各厂自身的生产实际制订的加工余量技术资料，同时结合实际加工情况进行修正来确定加工余量，见表 1-1。此法在生产中应用广泛。

表 1-1　机械加工的工序余量（仅供参考）

外 圆 加 工	直径余量/mm
粗车	1.5～4
半精车	0.5～2.5
精车	0.2～1.0
粗磨	0.25～0.6
精磨	0.1～0.2
研磨	0.01～0.02
超精加工	0.003～0.02
高精度、低表面粗糙度值磨削	0.02～0.05
内 圆 加 工	直径余量/mm
扩孔	扩孔后孔径的 1/8
粗铰	0.15～0.25
精铰	0.05～0.15
粗镗	1.8～4.5
半精镗	1.2～1.5
精镗	0.2～0.8
金刚镗削	0.2～0.5
拉孔	0.5～1.2
粗磨	0.2～0.5
精磨	0.1～0.2
研孔	0.01～0.02
珩孔	0.05～0.14
平 面 加 工	单面余量/mm
粗刨、粗铣	1～2.5
精刨、精铣	0.25～0.3
拉削	精锻、精铸：2～4 预加工后：0.3～0.6
粗磨	0.15～0.3
精磨	0.05～0.1
研磨	0.005～0.01
宽刀细刨	0.05～0.15
刮削	0.1～0.4

1.1.4　操作创建

1. 绘制二维图形

1）启动 Mastercam。启动 Mastercam X6，按 F9 键，显示坐标系，结果如图 1-4 所示。

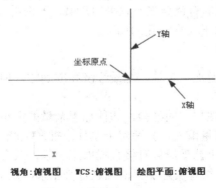

视角：俯视图　　WCS：俯视图　　绘图平面：俯视图

图 1-4　启动 Mastercam X6

友情提示

◇ 该坐标系就是编程（工件）坐标系，其原点就是编程（工件）坐标系原点。
◇ 请观察屏幕右下角是否显示为米制单位，若不是，请重装系统，并选择"Metric"（即米制单位），或者通过"设置"—"系统配置"—"CAD设置"更改。

2）绘制2个矩形。单击"草图"工具栏上的"矩形"按钮 ▣。在动态工具条中输入宽度100.0，高度80.0，激活"基准点为中心点"按钮 ▣，如图1-5所示。单击原点，再单击动态工具条中的"OK"按钮 ✓，完成矩形的创建。用同样的方法，绘制86mm×73mm的矩形，结果如图1-6所示。

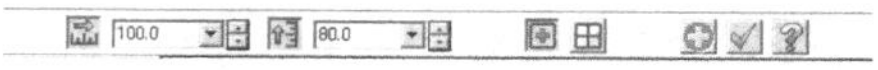

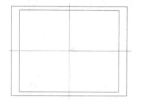

图1-5　矩形动态工具条

图1-6　完成2个矩形绘制

3）串连倒圆角。单击"草图"工具栏上的"串连倒圆角"按钮 ⬚ 串连倒圆角，捕捉需要倒圆角的矩形（86mm×73mm），设置圆角半径为8mm，如图1-7所示，单击应用按钮 ✓，完成倒圆角操作，结果如图1-8所示。

图1-7　倒圆角动态工具条

图1-8　完成倒圆角操作

4）绘制2个圆。单击"草图"工具栏上的"圆心+点"画圆按钮 ⊙，在动态工具条中输入圆心坐标（-32.5，0，0，）（根据图样尺寸，X轴的坐标也可以直接录入-65/2，系统会自动计算结果为-32.5），圆的直径为25mm，如图1-9所示。用同样的方法，绘制圆心为（0，31，0）、直径为22的圆，结果如图1-10所示。

图1-9　画图动态工具条

图1-10　完成2个圆的绘制

5）绘制4条相切直线。单击"草图"工具栏上的"绘制任意线"按钮 ＼，四条直线均经过圆的象限点，因此使用象限点捕捉的方式创建的水平和垂直线即为圆的相切线。单击动态工具条中的"四等分点"捕捉选项 ⊙ ⚲ 四等分点，如图1-11所示。靠近左边直径为25mm圆的6点钟方向位捕捉其象限点，向左移动一段距离单击，完成直线的绘制。用同样的方法，捕捉圆的 12 点钟方向位，以及直径为 22mm 圆的 3 点钟方向位和 9 点钟方向位，完成其他 3 条直线的绘制，结果如图 1-12 所示。

　　6）使用"三物体修剪"功能修剪多余圆弧。单击工具栏中的"修剪/打断/延升"按钮，激活动态工具条中的"三物体修剪"选项。根据"先两边，后中间"的次序要求，先捕捉两条直线段，再捕捉需要保留的圆弧，如图 1-13 所示按照"1→2→3"的次序捕捉，修剪后的结果如图 1-14 所示。

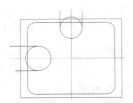

图 1-11　四等分点捕捉选项　　　　　图 1-12　绘制 4 段切线

　　7）使用"单一物体修剪"功能修剪多余直线段。单击工具栏中的"修剪/打断/延升"按钮，激活动态工具条中的"单一物体修剪"选项。"单一物体修剪"选项操作方法：先捕捉要被修剪对象的保留侧，再捕捉用于修剪的边界对象。如图 1-15 所示，按照"1→2"的次序进行捕捉，修剪后的结果如图 1-16 所示。

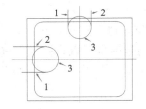

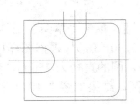

图 1-13　三物体修剪次序　　　　　图 1-14　修剪圆弧结果

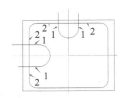

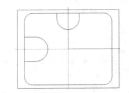

图 1-15　单一物体修剪次序　　　　　图 1-16　单一物体修剪结果

　　8）关于 Y 轴镜像操作。单击"转换"工具栏上的"镜像"按钮，选择上述左边圆弧及 2 个直线段，回车，系统弹出"镜射选项"对话框，如图 1-17 所示。单击"Y 轴：选择点"按钮，单击应用按钮，完成当前镜像操作，但没有退出镜像命令操作，结果如图 1-18 所示。

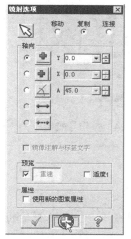

图 1-17 "镜射选项"对话框

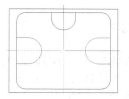

图 1-18 关于 Y 轴镜像结果

9）关于 X 轴镜像操作。选择上边圆弧及 2 个直线段，回车，系统弹出"镜射选项"对话框。单击"X 轴：选择点"按钮 ➕，单击确定按钮 ✓，完成镜像操作，结果如图 1-19 所示。

10）使用"分割物体"功能修剪 4 个开口。单击工具栏中的"修剪/打断/延升"按钮 ✂，激活动态工具条中的"分割物体"选项 ↦。"分割物体"选项操作方法：单击不被保留的部分。如图 1-20 所示，捕捉不被保留的 4 段开口部分，修剪后的结果如图 1-21 所示。

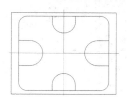   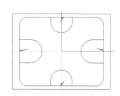   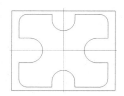

图 1-19 关于 X 轴镜像结果　　图 1-20 分割物体捕捉位　　图 1-21 分割修剪结果

11）倒角。单击"草图"工具栏上的"倒角"按钮 ◠。捕捉倒角的两边，在动态工具条中录入倒角距离 5.0，如图 1-22 所示，至此，得到加工所需的 2D 模型，结果如图 1-23 所示。

图 1-22 倒角动态工具条设置

> **友情提示**
>
> ✧ 常用的二维加工刀具路径有外形铣削、挖槽、平面铣、钻孔、雕刻等。
> ✧ 二维加工只需绘制二维图形（俯视图）即可。

2. 选择机床

单击菜单"机床类型"—"铣削"—"默认"，单击左侧"操作导航器"中的展开按钮 ➕，结果如图 1-24 所示。

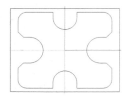

图 1-23　2D 模型完成图　　　　　　　　　图 1-24　操作导航器

3. 材料设置

1)单击图 1-24 所示"操作管理"对话框中的 ◇ 材料设置,系统弹出"机器群组属性"对话框,按图 1-25 所示设置参数。

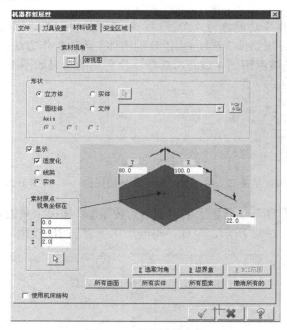

图 1-25　材料设置参数

2）单击确定按钮 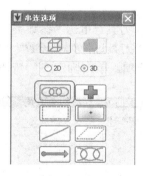，结果如图 1-26 所示。

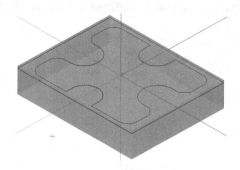

图 1-26 毛坯设置效果

4. 平面铣削

1）启动平面铣削。单击"刀具路径"—"平面铣"，系统弹出"输入新 NC 名称"对话框，如图 1-27 所示。单击确定按钮 ☑，系统弹出"串连选项"对话框，如图 1-28 所示，单击确定按钮 ☑，默认铣削范围为毛坯表面，系统弹出"2D 刀具路径-平面铣削"对话框，如图 1-29 所示。

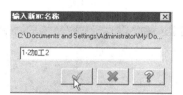

图 1-27 "输入新 NC 名称"对话框

图 1-28 "串连选项"对话框

友情 提示

◇ 外形串连不好的原因不外乎三种：外形有断点、外形有交叉、外形有重复图素。

操作 技巧

◇ 外形有断点——修剪 ✂。
◇ 外形有交叉——修剪 ✂。
◇ 外形有重复图素——删除重复图素 ✂。

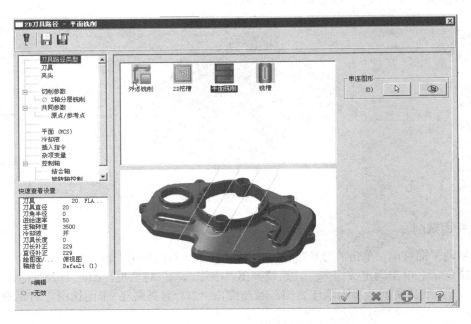

图 1-29 "2D 刀具路径-平面铣削"对话框

2）选择刀具。单击"参数类别列表"中的"刀具"选项，弹出刀具设置对话框，单击"过滤"，弹出"刀具过滤列表设置"对话框，如图 1-30 所示，取消"平底刀"选项，激活"面铣刀"选项，单击确定按钮。

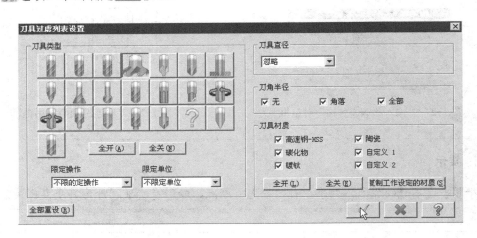

图 1-30 "刀具过滤列表设置"对话框

3）刀库选刀。单击"从刀库中选择"按钮，系统弹出"选择刀具"对话框，如图 1-31 所示。此时刀库只显示面铣刀，其他刀具已被过滤，从中选择合适加工本工件的刀具——刀具号码为 270、直径为 50.0 的面铣刀。选中第一行，单击确定按钮，系统返回"2D 刀具路径-平面加工"对话框。

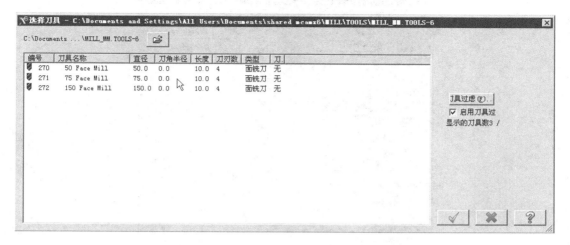

图 1-31 "选择刀具"对话框

友情提示

◇ 优先从刀库选刀，若刀库没有则单击鼠标右键，选择"创建新刀具"即可自定义刀具。

操作技巧

◇ 由于刀库中刀具数量较多，在"选择刀具"对话框中单击"过滤"按钮 E过滤 ，即可弹出"刀具过滤设置"对话框。通过"刀具过滤设置"对话框可以更方便地找到所需的刀具。

4）定义刀具。双击"2D 刀具路径-平面加工"对话框中的刀具号码为 270 的刀具图标，系统弹出"定义刀具"对话框，如图 1-32 所示，设"刀具号码"为 1、"刀座编号"为 1。

友情提示

◇ 一般加工中心刀库只能装几十把刀具，故刀具号码不能太大，应改小。
◇ 为避免混淆，一般刀座号、刀具补正号均和刀具号码相同。
◇ 大直径刀具不要装在刀库相邻刀位上，以免互相干涉。

5）刀具参数设置。单击"定义刀具"对话框中的"参数"选项卡，如图 1-33 所示，单击"计算转速/进给"按钮，系统自动计算转速和进给率，然后设置"下刀速率"为 200.0、"提刀速率"为 2000.0。

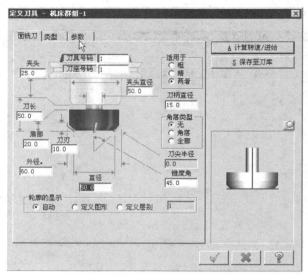

图 1-32 "定义刀具"对话框

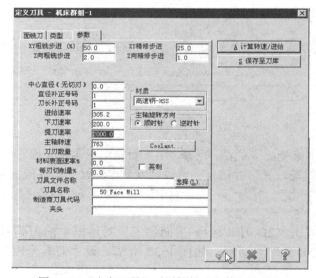

图 1-33 "定义刀具"对话框的"参数"选项卡

友情提示

◇ 系统根据刀具和工件材料自动计算转速和进给率，刀具材料在"定义刀具"对话框的"参数"选项卡中指定，工件材料在"机床群组属性"对话框的"刀具设置"选项卡中指定。

◇ 下刀速率可取进给率的 2/3，提刀速率一般设为 2000～5000。

◇ 在生产实际中，往往根据刀具商推荐的切削参数进行设置。

6）单击"定义刀具"对话框中的确定按钮，系统返回"2D 刀具路径-平面铣削"对话框，如图 1-34 所示，系统自动加载切削参数和刀具补正号。

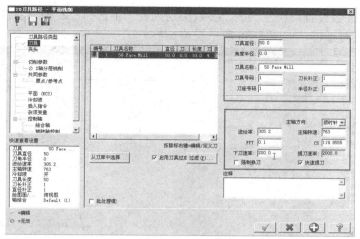

图 1-34　"2D 刀具路径-平面铣削"对话框的刀具参数

友情提示

◇　"快速提刀"是局部退刀时刀具从当前切削位置快速提刀至参考高度，否则刀具从当前切削位置以提刀速率提刀至进给下刀位置，再快速提刀至参考高度。

操作技巧

◇　请不要在"2D 刀具路径-平面加工"对话框中直接设置"进给速率""主轴转速""下刀速率"和"提刀速率"等参数，而应通过"定义刀具"对话框中的"参数"选项卡设定上述参数，这样能使切削参数和刀具关联，选择刀具的同时就自动加载切削参数，既保证了切削参数的一致性，又避免了参数的重复输入。

7）切削参数设置。在左侧的"参数类别列表"中选择"切削参数"选项，弹出切削参数设置对话框，设置"类型"为"双向"、"两切削间位移方式"为"高速回圈"，如图 1-35 所示设置参数。

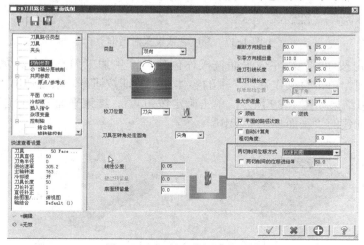

图 1-35　切削参数设置对话框

8）深度切削参数设置。在左侧的"参数类别列表"中选择"Z 轴分层铣削"选项，弹出深度切削参数设置对话框，如图 1-36 所示设置参数。

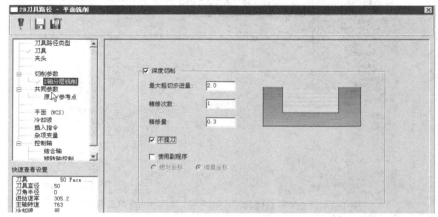

图 1-36　深度切削参数设置对话框

9）共同参数设置。在左侧的"参数类别列表"中选择"共同参数"选项，弹出高度参数设置对话框，如图 1-37 所示设置参数。

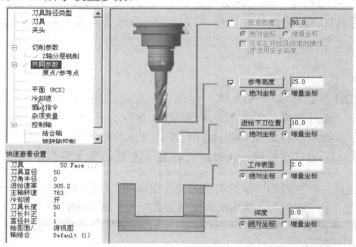

图 1-37　高度参数设置对话框

10）单击确定按钮，完成平面铣操作创建，产生加工刀具路径，如图 1-38 所示。

11）实体验证。单击"操作管理"中的实体加工验证按钮，系统弹出"验证"对话框，单击▶按钮，模拟结果如图 1-39 所示。单击确定按钮，结束平面铣操作创建，在"操作管理"中可以看到创建的"平面加工"操作。

图 1-38　生成刀具路径　　　　图 1-39　实体加工验证效果

友情提示

✧ 单击"操作管理器"中 ≋ 按钮,可隐藏和显示刀具路径。

操作技巧

✧ 在"验证"对话框中单击"保存材料为文件"按钮🖫,可将实体加工验证后的材料保存为文件,以备后续操作使用。

5. 工件轮廓的粗加工

1)外形铣削。单击"刀具路径"—"外形铣削",系统弹出"串连选项"对话框,单击串连按钮◎◎◎,选择图 1-40 所示外形边界,单击"串连选项"对话框中的确定按钮☑。

2)系统弹出"2D 刀具路径-外形铣削"对话框,如图 1-41 所示。

图 1-40 串连外形

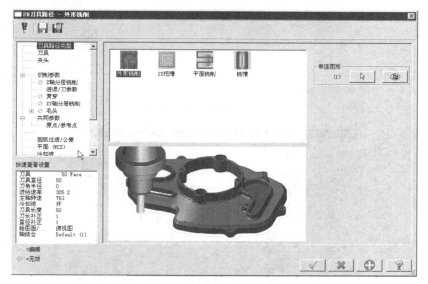

图 1-41 "2D 刀具路径-外形铣削"对话框

3)选择刀具。单击"参数类别列表"中的"刀具"选项,弹出刀具设置对话框,单击"过滤"按钮,设置过滤条件为类型:平底刀、直径=16,如图 1-42 所示,单击"刀具过滤设置"对话框中的确定按钮☑。

4)刀库选刀。单击"从刀库中选择…"按钮,系统弹出"选择刀具"对话框,如图 1-43所示,经过滤,刀库中仅有一把符合要求的刀具。选中该刀具,单击"选择刀具"对话框中的确定按钮☑,系统返回"2D 刀具路径-外形参数"对话框。

5)定义刀具。双击"2D 刀具路径-外形铣削"对话框中刀具号码为 225 的刀具图标,系统弹出"定义刀具-机床群组-1"对话框,如图 1-44 所示,设"刀具号码"为 2、"刀座号码"为 2。

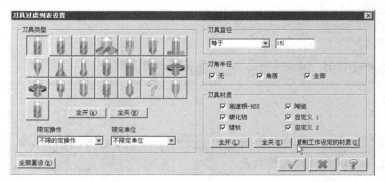

图 1-42 刀具过滤设置对话框

图 1-43 "选择刀具"对话框

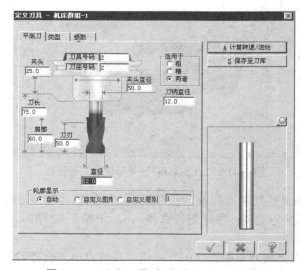

图 1-44 "定义刀具-机床群组-1"对话框

6）刀具参数设置。单击"定义刀具"对话框中的"参数"选项卡，如图 1-45 所示，单击"计算转速/进给"按钮，系统自动计算转速和进给率，然后设置"下刀速率"为 200.0、"提刀速率"为 2000。单击"定义刀具"对话框中的确定按钮，系统返回"2D 刀具路径-外形铣削"对话框，系统自动加载切削参数和刀具补正号。

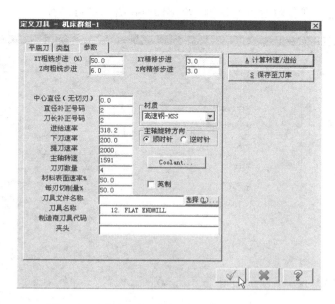

图1-45 "定义刀具"对话框的"参数"选项卡

7）切削参数设置。在左侧的"参数类别列表"中选择"切削参数"选项，弹出切削参数设置对话框，如图1-46所示设置参数，"壁边预留量"为0.2，此即为精加工余量。

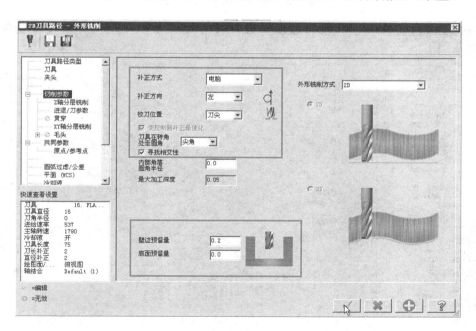

图1-46 切削参数设置对话框

8）Z轴分层切削参数设置。在左侧的"参数类别列表"中选择"Z轴分层铣削"选项，弹出深度Z轴分层切削参数设置对话框，如图1-47所示设置参数。

9）XY轴分层切削参数设置。在左侧的"参数类别列表"中选择"XY轴分层铣削"选项，弹出外形 XY 轴分层切削参数设置对话框，如图 1-48 所示设置参数。

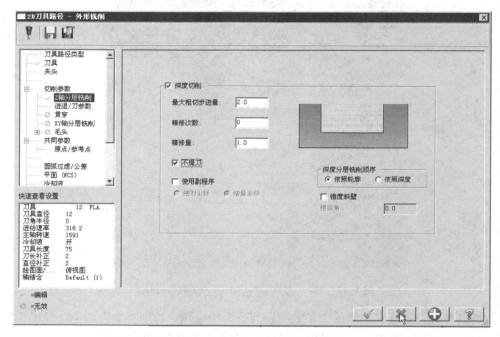

图 1-47　Z 轴分层切削参数设置对话框

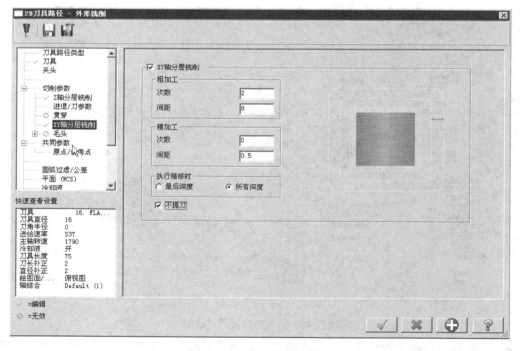

图 1-48　XY 轴分层切削参数设置对话框

10）共同参数设置。在左侧的"参数类别列表"中选择"共同参数"选项，弹出高度参数设置对话框，如图 1-49 所示设置参数。

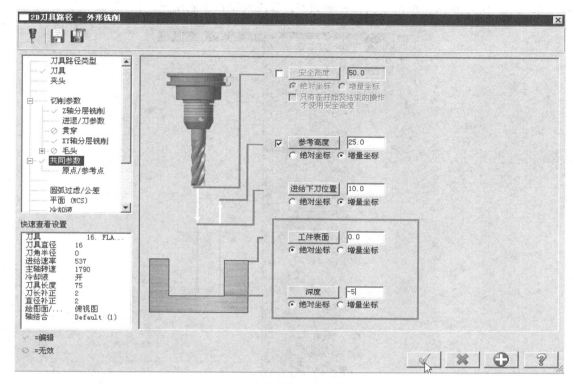

图 1-49 共同参数设置对话框

11）单击确定按钮，完成外形铣削操作创建，产生加工刀具路径，如图 1-50 所示。

12）实体验证。单击"操作管理"中的实体加工验证按钮，系统弹出"验证"对话框，单击▶按钮，模拟结果如图 1-51 所示。单击确定按钮，结束外形铣削操作创建，在"操作管理"中可以看到创建的外形铣削操作。

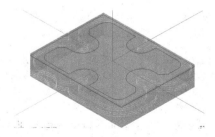

图 1-50 生成刀具路径

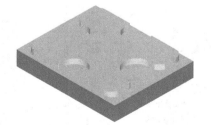

图 1-51 实体加工验证效果

6. 工件轮廓的精加工

1）复制外形铣削操作。在"操作管理"中选择前面创建的外形铣削操作，单击右键，选择"复制"，如图 1-52 所示，然后单击右键，选择"粘贴"。

2）重选刀具。在"操作管理"单击刚才粘贴所得的外形铣削中的"参数"按钮，系统弹出"2D 刀具路径-外形铣削"对话框，在左侧的"参数类别列表"中选择"刀具"选项，出现"刀具设置"对话框，单击"过滤"按钮，设置过滤条件：刀具类型为平底刀、刀具直径=10，如图 1-53 所示，单击"刀具过滤列表设置"对话框中的确定按钮 。

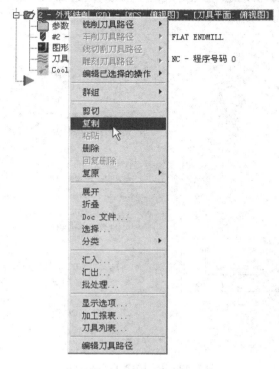

图 1-52　复制操作

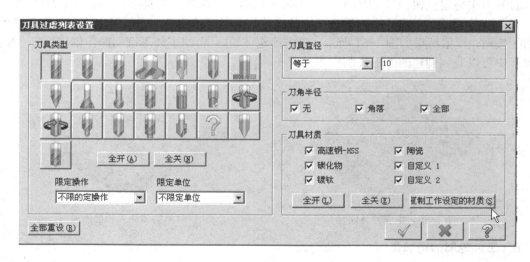

图 1-53　刀具设置对话框

3）刀库选刀。单击"选择库中的刀具"按钮，系统弹出"选择刀具"对话框，如图 1-54 所示，选择直径为 10 的平底刀，单击确定按钮 ，系统返回"2D 刀具路径-外形铣削"对话框。

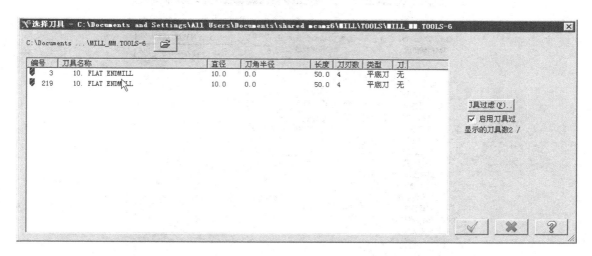

图1-54 "选择刀具"对话框

4）定义刀具。双击"2D刀具路径-外形铣削"对话框中的刀具图标，系统弹出"定义刀具-机床群组-1"对话框，如图1-55所示，设"刀具号码"为3、"刀座号码"为3。

5）刀具参数设置。单击"定义刀具"对话框中的"参数"选项卡，如图1-56所示，单击"计算转速/进给"按钮，系统自动计算转速和进给率，然后设置"下刀速率"为200.0、"提刀速率"为2000。单击"定义刀具"对话框中的确定按钮，系统返回"2D刀具路径-外形铣削"对话框，系统自动加载切削参数和刀具补正号。

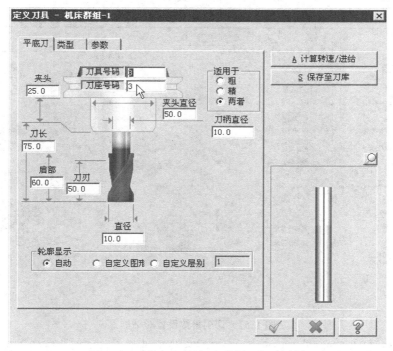

图1-55 "定义刀具-机床群组-1"对话框

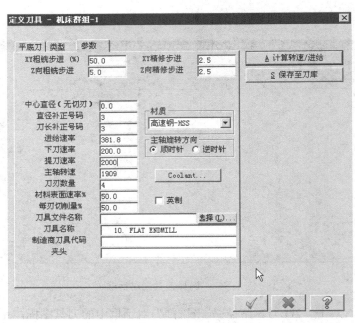

图 1-56　刀具参数设置

6）修改切削参数。在"2D 刀具路径-外形铣削"对话框左侧的"参数类别列表"中选择"切削参数"选项，弹出切削参数设置对话框，在"壁边预留量"中输入 0.0（实际加工时，壁边预留量通过实测工件根据需要填写相应值，理想情况时为 0.0），如图 1-57 示。

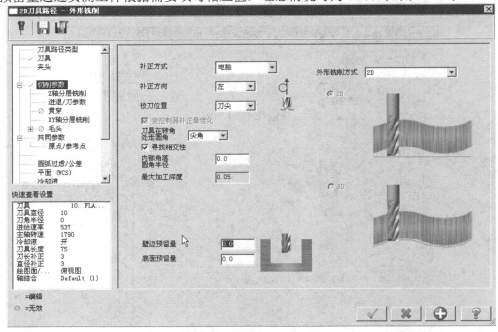

图 1-57　切削参数设置对话框

7）修改 XY 轴分层铣削。在"2D 刀具路径-外形铣削"对话框左侧的"参数类别列表"中选择"切削参数"下面的"XY 轴分层铣削"选项，弹出 XY 轴分层铣削参数设置对话框，取消 XY 轴分层铣削分层设置，如图 1-58 所示。

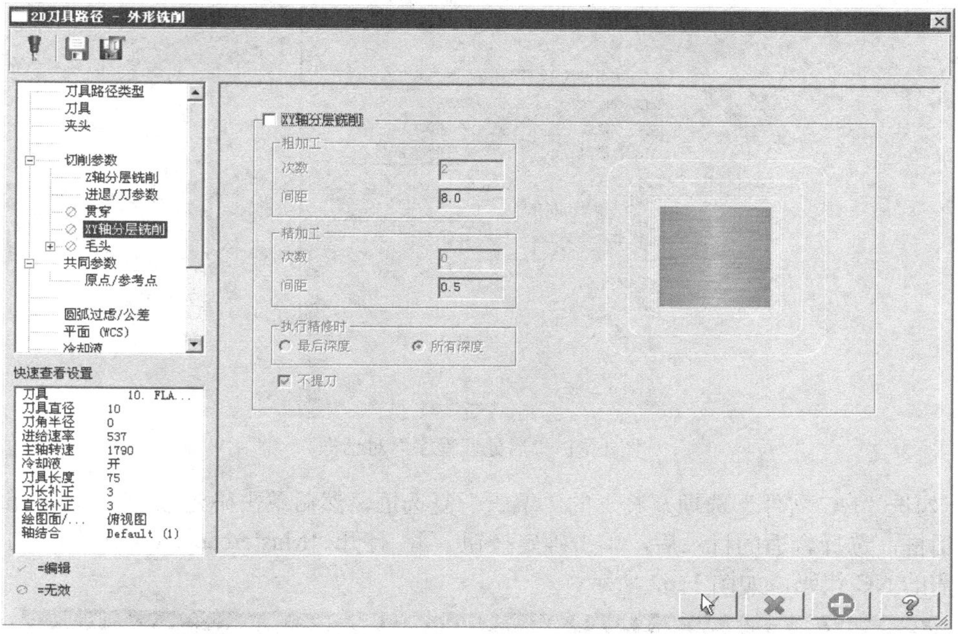

图 1-58　取消 XY 轴分层铣削

8）在"操作管理"中单击重建失败操作按钮 ，系统重新计算刀具路径，结果如图 1-59 所示。

9）实体验证。单击"操作管理"中的实体加工验证按钮 ，系统弹出"验证"对话框，单击 按钮，模拟结果如图 1-60 所示。单击确定按钮 ，结束实体验证。

图 1-59　生成刀具路径

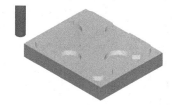

图 1-60　实体加工验证效果

7. 后处理

1）在"操作管理"中选择所有的操作，单击"操作管理"中的后处理按钮 **G1**，弹出"后处理程序"对话框，如图 1-61 所示。

友情提示

◇　后处理就是将 NCI 刀具路径文档翻译成数控加工程序（NC 代码）。

操作技巧

◇　单击"操作管理"中的选择所有操作按钮 ，可以很方便地选择全部操作。

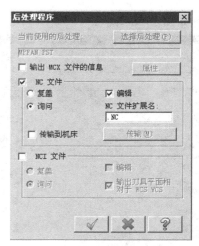

图 1-61 "后处理程序"对话框

2）勾选"NC 文件"选项及其下的"编辑"复选框，然后单击确定按钮 ☑，弹出"另存为"对话框，选择合适的目录后，单击确定按钮 ☑，打开"Mastercam X 编辑器"对话框，得到所需的 NC 代码，如图 1-62 所示。

图 1-62 NC 代码

友情提示

- ◇ 后处理得到的 NC 代码只需简单编辑就可以用于实际加工。
- ◇ 文件名：FANUC 系统采用 O×××× （四位数字），SINUMERIK 系统采用%_N_×××× （数字或字母）_MPF。
- ◇ 程序说明：一般可以删除。
- ◇ 零点偏移：采用 G54 对刀时，要有 G54；采用 G92 对刀时，应删除 G54。
- ◇ 第四轴：没有带第四轴时，应删除（如 A0.）。
- ◇ 长度补偿：一般用于加工中心，数控铣床应删除。
- ◇ 圆弧半径 R：SINUMERIK 系统中 "R" 应改为 "CR="。

3）关闭 "Mastercam X 编辑器" 对话框，保存 Mastercam 文件，退出系统。

1.2 实例 2——型腔零件数控铣削加工

1.2.1 零件介绍

型腔零件尺寸如图 1-63a 所示，除底面已加工外，其余表面均需要加工，即需要进行平面铣削、外形铣削、挖槽、钻孔等加工。完成后的零件如图 1-63b 所示。

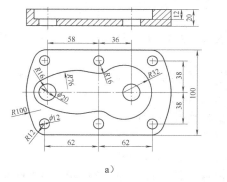

a)　　　　　　　　　　　　　　　　　b)

图 1-63　型腔零件

a）型腔零件尺寸　b）完成后的零件

1.2.2 工艺分析

1. 零件形状和尺寸分析

该零件近似长方体，左右两边为 R100mm 的圆弧，并且有四个半径为 12mm 的圆角，零件长约 165mm（绘图后可直接测量）、宽 100mm、高 20mm。中央凹槽由多段圆弧组成且形状对称，最小内凹圆弧半径为 16mm，另有两个直径为 20mm 和六个直径为 12mm 的通孔。

2. 毛坯尺寸

该零件尺寸未注公差，精度要求不高，可粗加工一次完成。粗铣余量一般为 1～2.5mm，故毛坯尺寸确定为长 170mm、宽 105mm、高 25mm。

3. 工件装夹

较大工件可直接安装在工作台上，用压板夹紧；较小工件可采用平口钳装夹。此处用平口钳装夹。

4. 加工方案

首先根据毛坯尺寸下料，一般在数控加工之前可先对底面进行加工，将毛坯高度尺寸加工至 22mm，然后再对其余表面进行数控加工，这里选择能够自动换刀的加工中心进行加工。

根据数控加工工艺原则，先对上表面进行铣削加工，对于比较大的表面，选择面铣刀加工不仅生产效率高，而且表面质量好；外形采用平底刀进行铣削加工，可分层分次进行；中央凹槽也用平底刀进行挖槽加工，为减少换刀次数，可用与外形铣削相同的刀具。在数控铣床和加工中心上钻孔，一般是先钻中心孔，这样有利于保证孔的位置精度，但在普通机床上若有钻套引导时，可不必钻中心孔。

根据上述分析，型腔零件数控加工工艺路线如下：

1）平面铣削。
2）外形铣削。
3）挖槽。
4）钻中心孔。
5）钻孔。

1.2.3 操作创建

1. 绘制二维图形

1）启动 Mastercam。启动 Mastercam X6，按 F9 键，显示坐标系，结果如图 1-64 所示。

2）画直径为 12mm 的圆。单击"草图"工具栏上的"圆心+点"按钮⊙，绘制圆心坐标（-62，-38，0）、直径为 12mm 的圆。在右上角的动态工具条中输入圆心坐标点和直径值，如图 1-65 所示。按下回车键完成圆的创建。

3）调整图形到适当的位置。滚动鼠标中键，可以调整视图的大小；通过键盘的方向键移动屏幕的位置，使坐标系原点大约在屏幕的中心处，结果如图 1-66 所示。

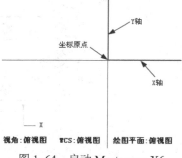

图 1-64 启动 Mastercam X6

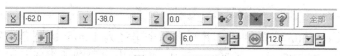

图 1-65 画圆

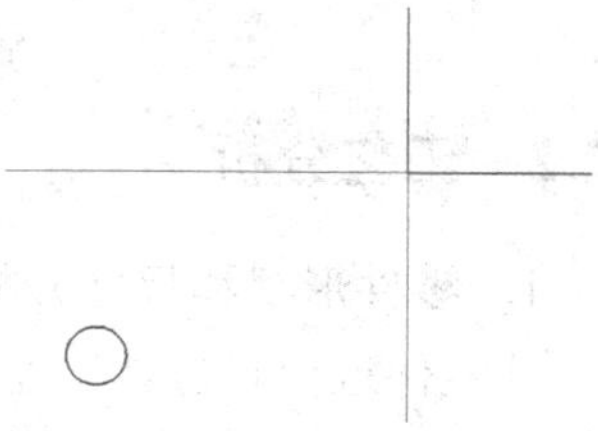

图 1-66 调整图形位置结果

4）阵列。单击"转换"菜单下的"阵列"选项，选择前面绘制的圆，回车，系统弹出图 1-67 所示"矩形阵列选项"对话框。

5）阵列参数设置。按图 1-67 所示设置参数，并单击"方向 1"和"方向 2"按钮，结果如图 1-68 所示。

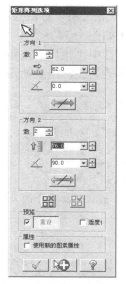

图 1-67　"矩形阵列选项"对话框

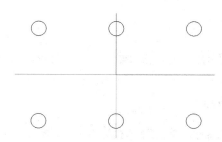

图 1-68　阵列结果

友情提示

❖　阵列后图形颜色改变，可单击"清除颜色"按钮 ▦，恢复图形颜色。

6）极坐标画圆弧。单击"草图"工具栏上的"极坐标圆弧"按钮 ，在动态工具条中录入圆弧半径 12，捕捉左下角 φ2mm 圆的圆心点，接近 135°方向单击圆弧起点，接近 315°方向单击圆弧终点，如果圆弧方向不符合要求，单击"切换键" ⟷ 完成圆弧的创建，结果如图 1-69 所示。

7）X 轴镜像。单击"转换"工具栏上的"镜像"按钮 ，选择上述圆弧，回车，系统弹出"镜射选项"对话框，如图 1-70 所示。单击"X 轴：选择点"按钮 ，单击应用按钮 ，完成当前镜像操作，但没有退出镜像命令操作，结果如图 1-71 所示。

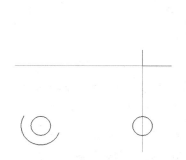

图 1-69　极坐标画圆弧

图 1-70　"镜射选项"对话框

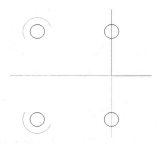

图 1-71　X 轴镜像结果

8）Y 轴镜像。选择已有的两段圆弧，回车，系统弹出"镜射选项"对话框，如图 1-70 所示。单击"Y轴：选择点"按钮⊞，单击确定按钮☑，结果如图 1-72 所示。

9）画公切线。单击"绘制任意线"按钮✎，并单击其操作栏中"相切"按钮☑，选择上面两段圆弧，结果如图 1-73 所示。用同样的方法可以画出下面的切线，结果如图 1-74 所示。

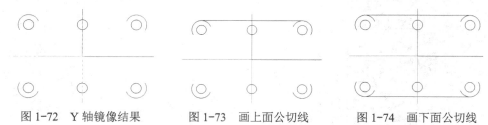

图 1-72　Y 轴镜像结果　　　图 1-73　画上面公切线　　　图 1-74　画下面公切线

操作技巧

◇　画切线时只能选择圆弧，不能选择点，即不能捕捉点。

◇　若圆弧过长，可以通过修剪命令修剪圆弧到切点；若圆弧过短，也可以通过修剪命令延长圆弧到切点。

10）画半径为 100mm 的切弧。单击"倒圆角"按钮◠，系统弹出"倒圆角"操作栏，如图 1-75 所示，设置圆角半径为 100.0，并单击"不修剪"按钮◻。

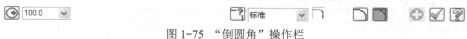

图 1-75　"倒圆角"操作栏

11）选择上下两段圆弧，如图 1-76 所示，再选择保留圆弧；用相同的方法（或镜像）画出右边的圆弧，结果如图 1-77 所示。

12）修剪圆弧。单击"修剪"按钮✂，按下"分割物体"选项⊞，单击多余的 8 段圆弧，结果如图 1-78 所示。

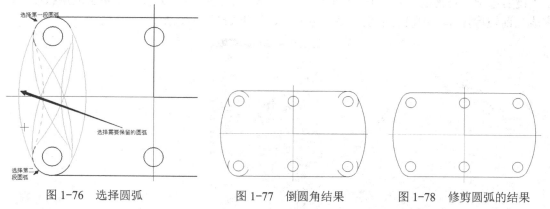

图 1-76　选择圆弧　　　图 1-77　倒圆角结果　　　图 1-78　修剪圆弧的结果

操作技巧

◇　画切弧时，最简单的方法就是倒圆角，但要先设置好圆角半径，以免无解。

13）画直径为 20mm 的圆。单击"草图"工具栏上的"圆心+点"按钮 ⊙，绘制圆心坐标（-58，0，0）、直径 20mm 的圆；用同样的方法绘制圆心坐标（-36，0，0）、直径 20mm 的另一个圆，结果如图 1-79 所示。

14）画半径为 16mm 的圆。单击"草图"工具栏上的"圆心+点"按钮 ⊙，捕捉圆心点，输入圆的半径 16，画出三个 R16mm 的圆，如图 1-80 所示。

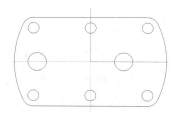

图 1-79　画直径 20mm 的圆

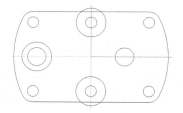

图 1-80　画半径 16mm 的圆

15）画半径为 32mm 的切弧。单击"倒圆角"按钮 ⌒，系统弹出"倒圆角"操作栏，如图 1-81 所示。设置圆角半径为 32.0，设置"类型"为"反向"，并单击"不修剪"按钮 ◻。

图 1-81　"倒圆角"操作栏

选择上下两个半径为 16mm 的圆，再选择保留圆弧，单击"应用"按钮，结果如图 1-82 所示。

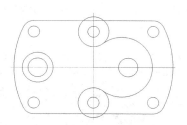

图 1-82　倒圆角结果

友情提示

✧　设置"类型"为"反向"才能画出大于 180° 的圆弧。

16）用同样的方法画出两段半径为 76mm 的切弧，设置圆角半径为 76.0，设置"类型"为"普通"，保持"不修剪"状态，操作栏如图 1-83 所示。

图 1-83　"倒圆角"操作栏

选择左边和上边的两个半径为 16mm 的圆，再选择保留圆弧，单击"应用"按钮，结果如图 1-84 所示。

用同样的方法（或镜像）可画出下边半径为 76mm 的圆弧，结果如图 1-85 所示。

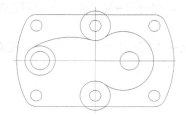

图 1-84 倒圆角结果

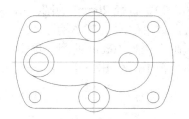

图 1-85 完成下边半径 76mm 的圆弧

17）修剪多余圆弧。单击"修剪"按钮，按下"三物体修剪"选项，注意捕捉的顺序"先两边，后中间"，如图 1-86 所示。至此，二维加工所需的二维图形已经完成，如图 1-87 所示。

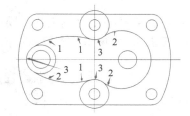

图 1-86 三物体修剪次序

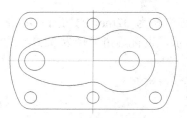

图 1-87 完成图

2. 选择机床

单击菜单"机床类型"—"铣削"—"默认"，单击左侧"操作导航器"中的展开按钮，结果如图 1-88 所示。

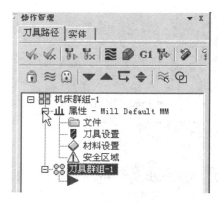

图 1-88 操作导航器

3. 材料设置

1）单击图 1-88 所示"操作管理"对话框中的 材料设置，系统弹出"机器群组属性"对话框，按图 1-89 所示设置参数。

2）单击确定按钮，结果如图 1-90 所示。

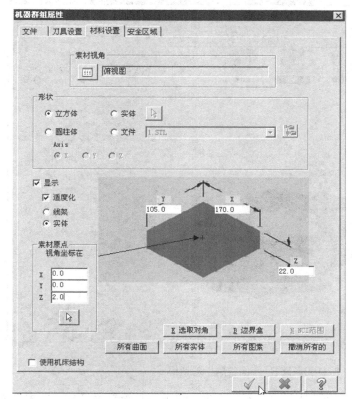

图 1-89 材料设置参数　　　　　　　　　　　　图 1-90 毛坯设置效果

4. 平面铣削

1) 启动平面铣削。单击"刀具路径"—"平面铣", 系统弹出"输入新 NC 名称"对话框, 如图 1-91 所示。单击确定按钮 ✓, 系统弹出"串连选项"对话框, 如图 1-92 所示, 单击确定按钮 ✓, 默认铣削范围为毛坯表面, 系统弹出"2D 刀具路径-平面铣削"对话框, 如图 1-93 所示。

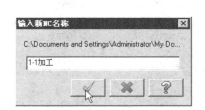

图 1-91 "输入新 NC 名称"对话框　　　　　　图 1-92 "串连选项"对话框

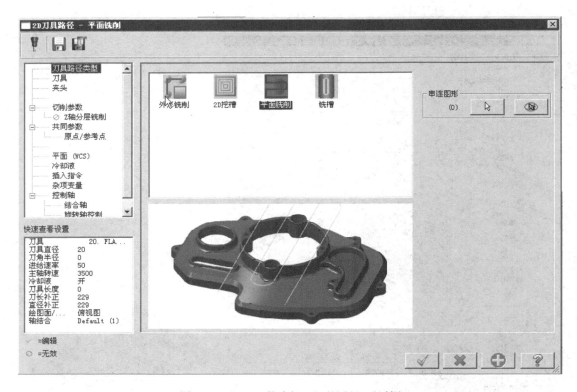

图 1-93 "2D 刀具路径-平面铣削"对话框

2）选择刀具。单击"参数类别列表"中的"刀具"选项，弹出刀具设置对话框，单击"过滤"，弹出"刀具过滤列表设置"对话框，如图 1-94 所示，取消"平底刀"选项 █，激活"面铣刀"选项 ，单击确定按钮 █。

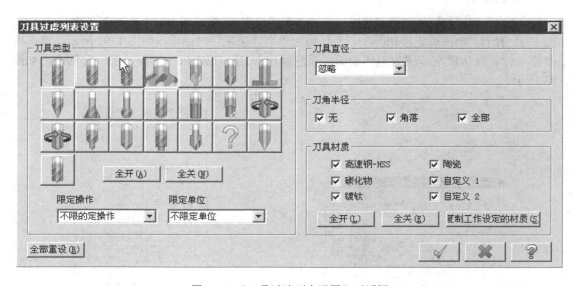

图 1-94 "刀具过滤列表设置"对话框

3）刀库选刀。单击"从刀库中选择"按钮，系统弹出"选择刀具"对话框，如图 1-95 所示。此时刀库只显示面铣刀，其他刀具已被过滤，从中选择合适加工本工件的刀具——刀具号码为 270、直径为 50.0 的面铣刀。选中第一行，单击确定按钮 √，系统返回"2D 刀具路径-平面加工"对话框。

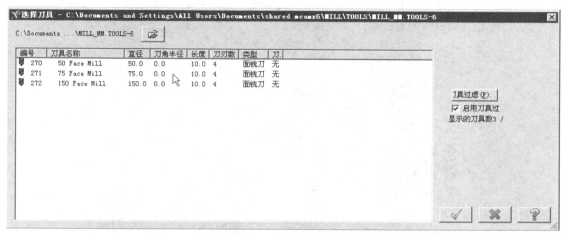

图 1-95 "选择刀具"对话框

4）定义刀具。双击"2D 刀具路径-平面加工"对话框中刀具号码为 270 的刀具图标，系统弹出"定义刀具-机床群组-1"对话框，如图 1-96 所示，设"刀具号码"为 1，"刀座号码"为 1。

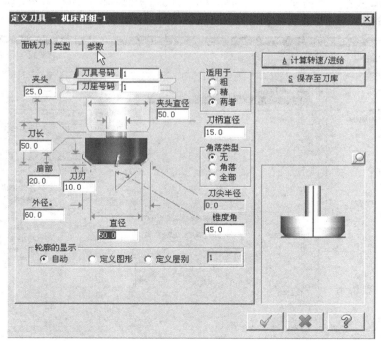

图 1-96 "定义刀具-机床群组-1"对话框

5）刀具参数设置。单击"定义刀具-机床群组-1"对话框中的"参数"选项卡，如图 1-97

所示，单击"计算转速/进给"按钮，系统自动计算转速和进给率，然后设置"下刀速率"为
200.0，"提刀速率"为 2000.0。

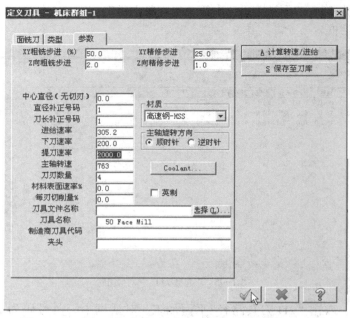

图 1-97 "定义刀具-机床群组-1"对话框的"参数"选项卡

6）单击"定义刀具"对话框中的确定按钮 √，系统返回"2D 刀具路径-平面铣削"对
话框，如图 1-98 所示，系统自动加载切削参数和刀具补正号。

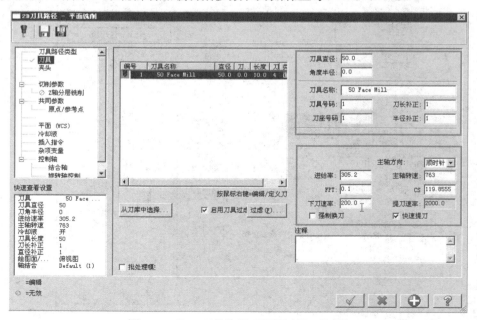

图 1-98 "2D 刀具路径-平面铣削"对话框

7）切削参数设置。在左侧的"参数类别列表"中选择"切削参数"选项，弹出切削参数

设置对话框，设置"类型"为"双向"，如图 1-99 所示设置参数。

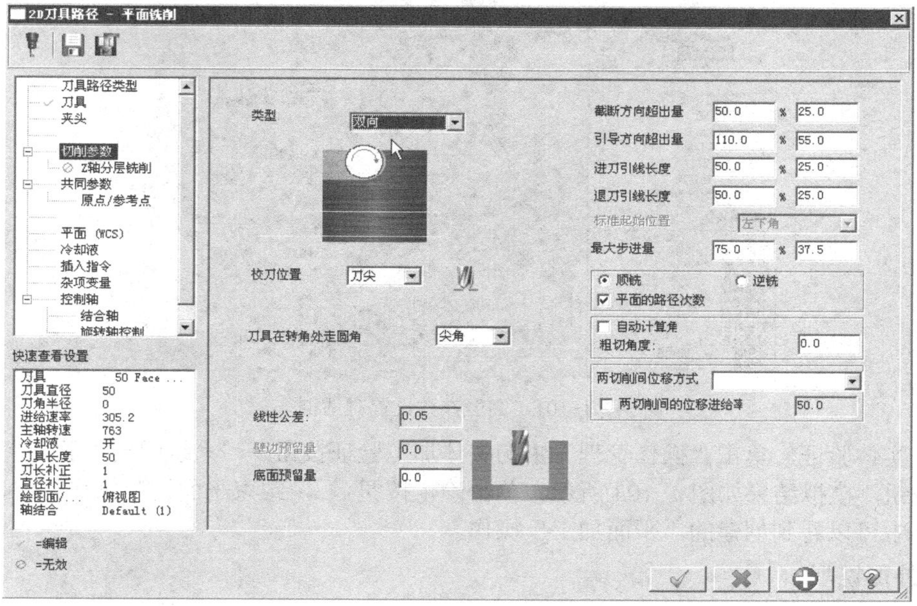

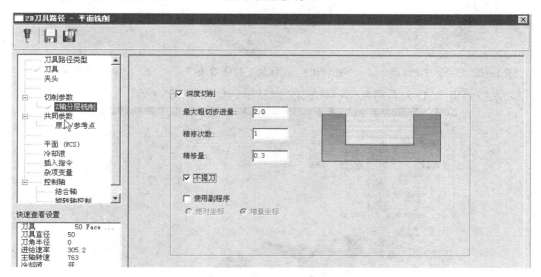

图 1-99　切削参数设置对话框

8）深度切削参数设置。在左侧的"参数类别列表"中选择"Z 轴分层铣削"选项，弹出深度切削参数设置对话框，如图 1-100 所示设置参数。

图 1-100　深度切削参数设置对话框

9）共同参数设置。在左侧的"参数类别列表"中选择"共同参数"选项，弹出高度参数设置对话框，如图 1-101 所示设置参数。

10）单击确定按钮 ✓，完成平面铣操作创建，产生加工刀具路径，如图 1-102 所示。

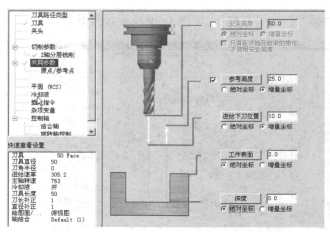

图 1-101　高度参数设置对话框

11）实体验证。单击"操作管理"中的实体加工验证按钮 ⚫，系统弹出"验证"对话框，单击 ▶ 按钮，模拟结果如图 1-103 所示。单击确定按钮 ✓，结束平面铣削操作创建，在"操作管理"中可以看到创建的"平面加工"操作。

5．外形铣削

1）外形铣削。单击"刀具路径"—"外形铣削"，系统弹出"串连选项"对话框，单击串连按钮 ⚭，选择图 1-104 所示外形边界，单击"串连选项"对话框中的确定按钮 ✓。

　　　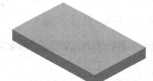　　　

图 1-102　生成刀具路径　　　图 1-103　实体加工验证效果　　　图 1-104　串连外形

2）系统弹出"2D 刀具路径-外形铣削"对话框，如图 1-105 所示。

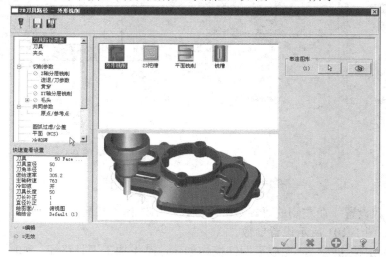

图 1-105　"2D 刀具路径-外形铣削"对话框

3）选择刀具。单击"参数类别列表"中的"刀具"选项，出现刀具设置对话框，单击"过滤"按钮，弹出"刀具过滤列表设置"对话框，设置过滤条件为类型：平底刀、直径=12.0，如图 1-106 所示，单击确定按钮▢。

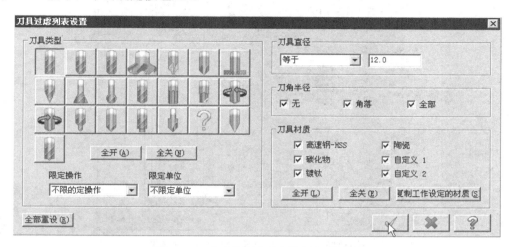

图 1-106   "刀具过滤列表设置"对话框

4）刀库选刀。单击"从刀库中选择…"按钮，系统弹出"选择刀具"对话框，如图 1-107 所示，经过滤，刀库中仅有一把符合要求的刀具。选中该刀具，单击"选择刀具"对话框中的确定按钮▢，系统返回"2D 刀具路径-外形参数"对话框。

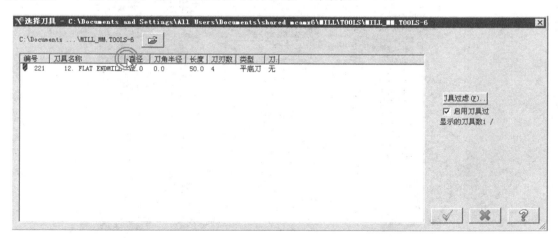

图 1-107   "选择刀具"对话框

5）定义刀具。双击"2D 刀具路径-外形铣削"对话框中刀具号码为 221 的刀具图标，系统弹出"定义刀具-机床群组-1"对话框，如图 1-108 所示，设"刀具号码"为 2，"刀座号码"为 2。

6）刀具参数设置。单击"定义刀具-机床群组-1"对话框中的"参数"选项卡，如图 1-109 所示，单击"计算转速/进给"按钮，系统自动计算转速和进给率，然后设置"下刀速率"为 200.0、"提刀速率"为 2000。单击"定义刀具-机床群组-1"对话框中的确定按钮▢，系统返回"2D 刀具路径-外形铣削"对话框，系统自动加载切削参数和刀具补正号。

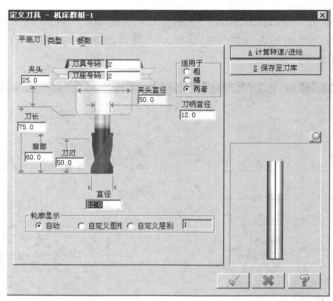

图 1-108 "定义刀具-机床群组-1"对话框

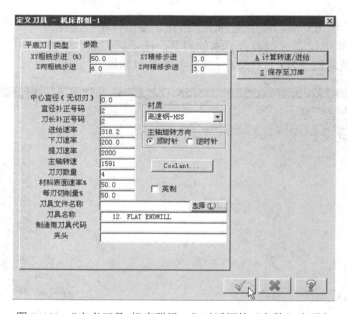

图 1-109 "定义刀具-机床群组-1"对话框的"参数"选项卡

　　7）切削参数设置。在左侧的"参数类别列表"中选择"切削参数"选项，弹出切削参数设置对话框，如图 1-110 所示设置参数。

　　8）深度分层切削参数设置。在左侧的"参数类别列表"中选择"Z 轴分层铣削"选项，弹出深度切削参数设置对话框，如图 1-111 所示设置参数。

　　9）共同参数设置。在左侧的"参数类别列表"中选择"共同参数"选项，弹出高度参数设置对话框，如图 1-112 所示设置参数。

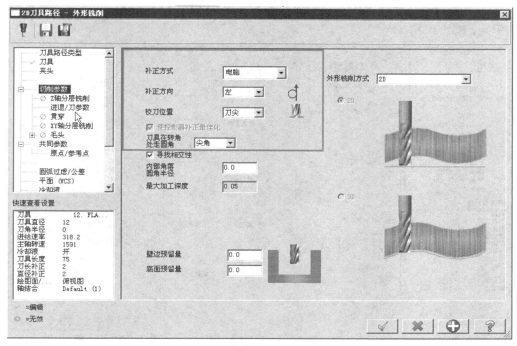

图 1-110 切削参数设置对话框

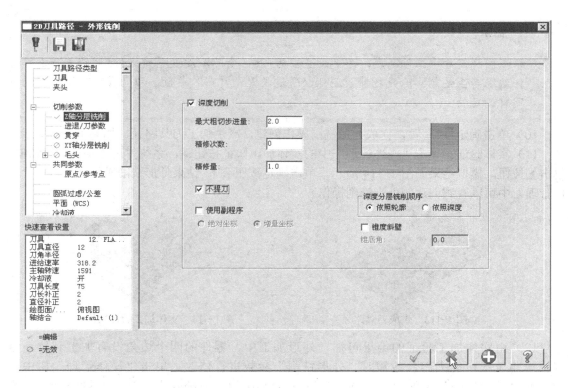

图 1-111 深度切削参数设置对话框

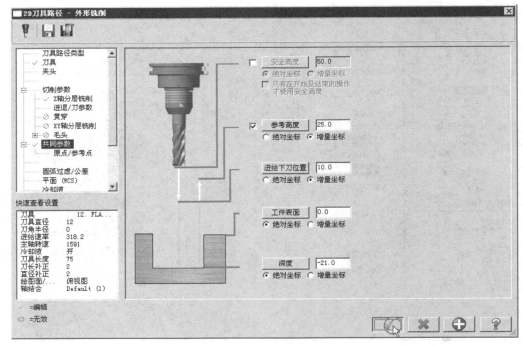

图 1-112 共同参数设置对话框

友情提示

❖ 根据图样尺寸中工件高度，深度设置应为-20，实际深度设置为-21，目的是避免零件边缘产生毛刺；除此之外，还可以通过设置"贯穿"参数，即"贯穿"距离达到同样的目的。

10）单击确定按钮 ✓ ，完成外形铣削操作创建，产生加工刀具路径，如图 1-113 所示。

11）实体验证。单击"操作管理"中的实体加工验证按钮 🖌 ，系统弹出"验证"对话框，单击 ▶ 按钮，模拟结果如图 1-114 所示。单击确定按钮 ✓ ，结束外形铣削操作创建，在"操作管理"中可以看到创建的外形铣削操作。

图 1-113 生成刀具路径

图 1-114 实体加工验证效果

12）由实体加工验证的结果可知，外形加工中，零件的四个边角没有加工到位，这四块边角位很可能夹刀，故需对"外形铣削"参数进行修改。单击"操作管理"树中刚创建的"外形铣削"下的参数选项，如图 1-115 所示，系统弹出"2D 刀具路径-外形铣削"对话框。

图1-115 外形铣削参数修改

13）外形分层切削参数设置。在左侧的"参数类别列表"中选择"XY轴分层切削"选项，弹出分层切削设置对话框，如图1-116所示设置参数。

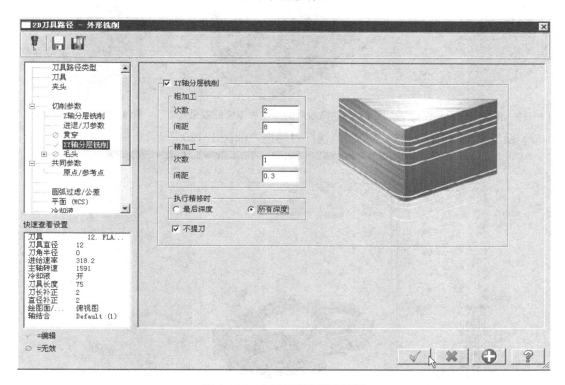

图1-116 分层切削设置对话框

友情提示

❖ 当水平方向余量较大时，可适当增加粗加工的次数，并且设置精加工。

14）单击确定按钮 ✓ ，完成外形铣削参数修改，单击"操作管理"中的重建所有已选择的操作 ，重新产生加工刀具路径，如图1-117所示，在原有的外形刀路上增加一层刀路，先去除四个边角位。

15）实体验证。单击"操作管理"中的实体加工验证按钮 ，系统弹出"验证"对话框，单击 ▶ 按钮，模拟结果如图1-118所示。单击确定按钮 ✓ ，结束外形铣削操作创建，在"操作管理"中可以看到创建的外形铣削操作。

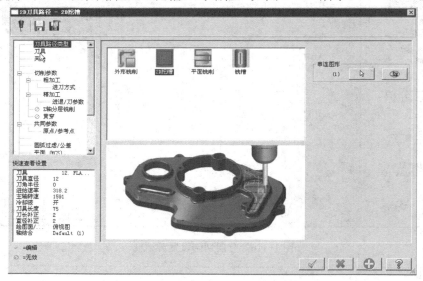

友情**提示**

✧ 此处外形铣削没有考虑装夹的影响，实际加工时需要两次装夹与加工。

6. 挖槽

1）启动挖槽加工。单击"刀具路径"—"标准挖槽"，系统弹出"串连选项"对话框，单击串连按钮⬭，选择图 1-119 所示外形边界，单击"串连选项"对话框中的确定按钮☑。

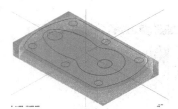  

图 1-117　重新生成刀具路径　　图 1-118　修改后的实体加工验证效果　　图 1-119　串连外形

2）系统弹出"2D 刀具路径-2D 挖槽"对话框，如图 1-120 所示。

图 1-120　"2D 刀具路径-2D 挖槽"对话框

3）选择刀具。单击"参数类别列表"中的"刀具"选项，弹出刀具设置对话框，如图 1-121 所示，选择 2 号刀具。

友情**提示**

✧ 2 号刀具就是前面外形铣削操作使用的刀具，使用相同刀具，可减少换刀次数。

4）切削参数设置。在左侧的"参数类别列表"中选择"切削参数"选项，弹出切削参数设置对话框，如图 1-122 所示设置参数。

5）粗加工参数设置。在左侧的"参数类别列表"中选择"粗加工"选项，弹出粗加工参数设置对话框，如图 1-123 所示设置参数。

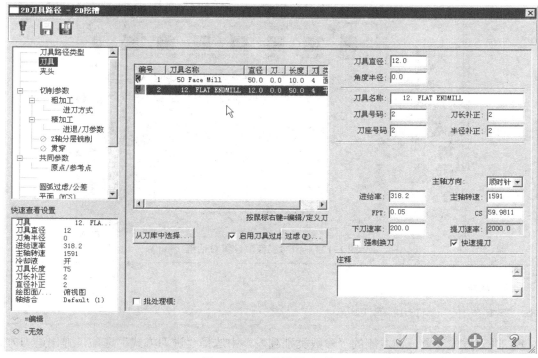

图 1-121　刀具设置对话框

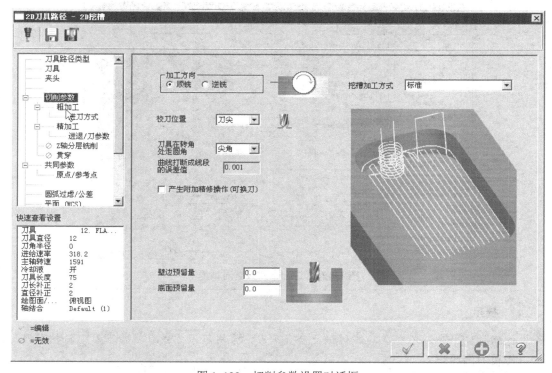

图 1-122　切削参数设置对话框

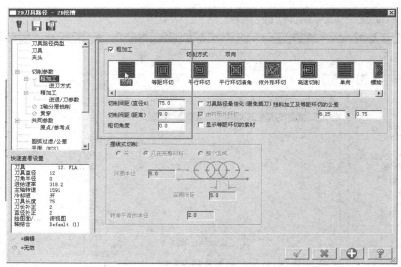

图 1-123　粗加工参数设置对话框

友情提示

◇　若有残料，请将切削间距减小。

6）进刀方式设置。在左侧的"参数类别列表"中选择"进刀方式"选项，弹出进刀方式设置对话框，如图 1-124 所示设置参数。

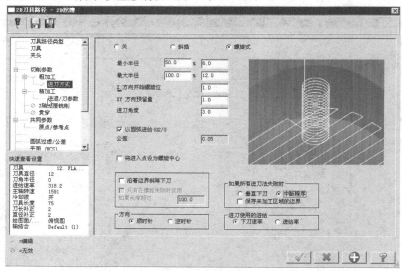

图 1-124　进刀方式设置对话框

友情提示

◇　挖槽时，平底刀不能在实体材料上垂直下刀，常用下刀方式有螺旋下刀、斜插下刀、沿边界渐降下刀。

◇　预钻孔后可以垂直下刀，键槽铣刀也可以垂直下刀。

7）精加工设置。在左侧的"参数类别列表"中选择"精加工"选项，弹出精加工设置对话框，如图 1-125 所示设置参数。

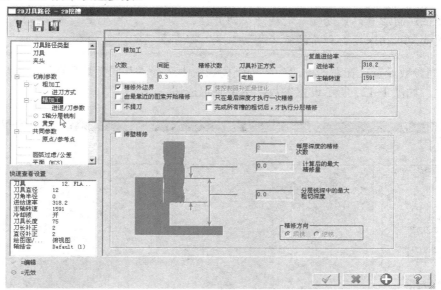

图 1-125 精加工设置对话框

友情提示

✧ 请选择"精修外边界"，否则内壁很粗糙。

8）Z 轴分层铣削参数设置。在左侧的"参数类别列表"中选择"Z 轴分层铣削"选项，弹出 Z 轴分层铣削设置对话框，如图 1-126 所示设置参数。

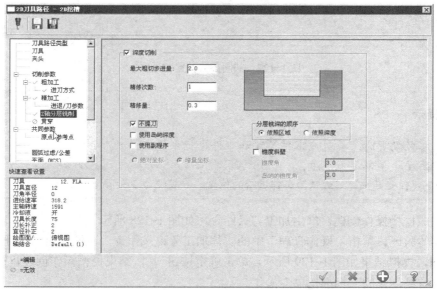

图 1-126 Z 轴分层铣削参数设置对话框

◇ 为保证底面质量，可设置一次精修（切）。
◇ 步进量（粗切深度）和精修量（精切深度）可查表确定。

9）共同参数设置。在左侧的"参数类别列表"中选择"共同参数"选项，弹出共同参数设置对话框，如图 1-127 所示设置参数，单击确定按钮 ✓ 。

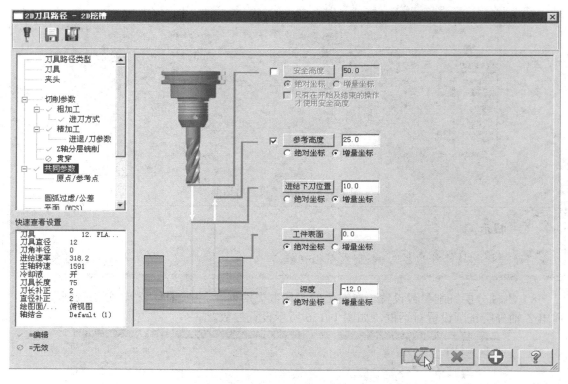

图 1-127　共同参数设置对话框

◇ 共同参数设置时，要对应零件尺寸和工件坐标系原点。
◇ 参考高度是局部退刀高度。
◇ 进给下刀位置是快速趋近转为工作进给的位置，一般设为 3～5mm 即可。

10）完成挖槽操作创建，产生加工刀具路径，如图 1-128 所示。

11）实体验证。单击"操作管理"中的实体加工验证按钮 ，系统弹出"验证"对话框，单击 ▶ 按钮，模拟结果如图 1-129 所示。单击确定按钮 ✓ ，结束挖槽操作创建，在"操作管理"中可以看到创建的"标准挖槽"操作。

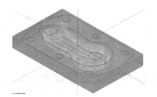

图1-128 生成刀具路径 　　　　图1-129 实体加工验证效果

7. 钻6个中心孔

1）启动钻孔加工。单击"刀具路径"—"钻孔"，系统弹出"选取钻孔的点"对话框，如图1-130所示。

2）选取钻孔的点。选择图1-131所示6个直径为12mm的圆心，单击确定按钮 ☑。

图1-130 "选取钻孔的点"对话框 　　　　图1-131 选取钻孔的点

3）系统弹出"2D刀具路径-钻孔/全圆铣削深孔钻-无啄孔"对话框，如图1-132所示。

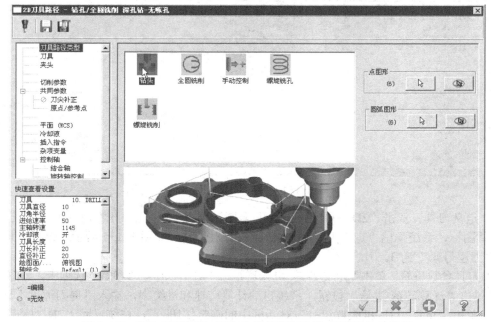

图1-132 "2D刀具路径-钻孔/全圆铣削深孔钻-无啄孔"对话框

4）选择刀具。单击"参数类别列表"中的"刀具"选项，出现刀具设置对话框，单击"过滤"按钮，设置过滤条件为类型：中心钻，如图 1-133 所示，单击"刀具过滤列表设置"对话框中的确定按钮☑。

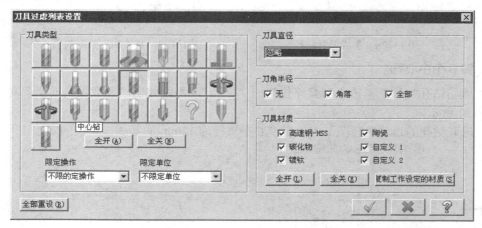

图 1-133 "刀具过滤列表设置"对话框

5）刀库选刀。单击"从刀库中选择…"按钮，系统弹出"选择刀具"对话框，如图 1-134 所示，经过滤，刀库中仅显示不同规格的中心钻。选择直径为 5mm 的中心钻，单击"选择刀具"对话框中的确定按钮☑，系统返回"2D 刀具路径-钻孔/全圆铣削深孔钻-无啄孔"对话框。

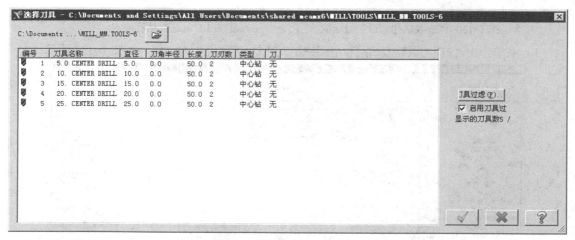

图 1-134 "选择刀具"对话框

6）定义刀具。双击"2D 刀具路径-钻孔/全圆铣削深孔钻-无啄孔"对话框中刀具号码为 1 的刀具图标，系统弹出"定义刀具-机床群组-1"对话框，如图 1-135 所示，设"刀具号码"为 3、"刀座号码"为 3。

7）刀具参数设置。单击"定义刀具-机床群组-1"对话框中的"参数"选项卡，如图 1-136 所示，单击"计算转速/进给"按钮，系统自动计算转速和进给率，输入"提刀速度"500。

8）单击"定义刀具-机床群组-1"对话框中的确定按钮☑，系统返回"2D 刀具路径-钻孔/全圆铣削深孔钻-无啄孔"对话框，系统自动加载切削参数和刀具补正号。

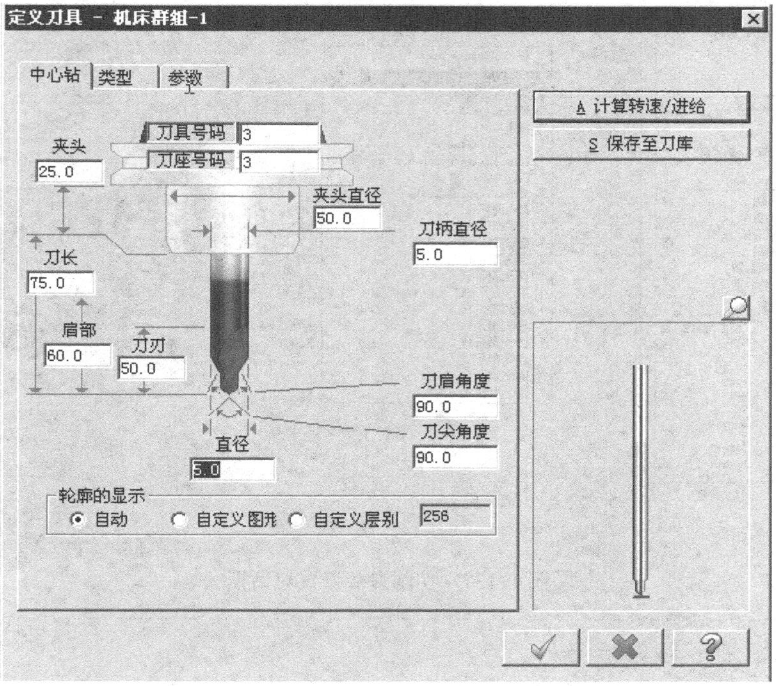

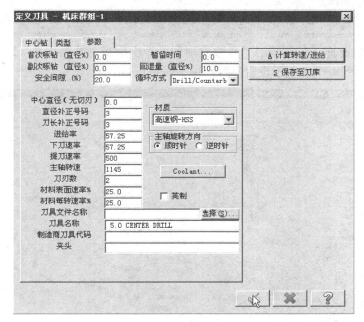

图 1-135　"定义刀具-机床群组-1"对话框

图 1-136　刀具参数设置

9）切削参数设置。在左侧的"参数类别列表"中选择"切削参数"选项，弹出切削参数设置对话框，如图 1-137 所示设置参数。

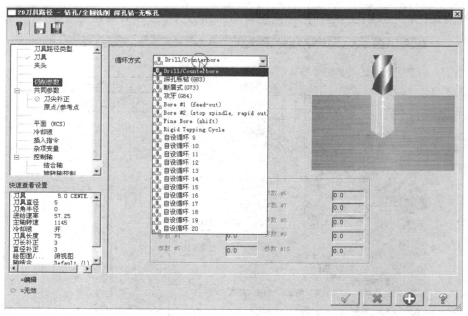

图 1-137　切削参数设置对话框

友情提示

✧　钻孔循环可根据孔的类型和孔的深度选择。

✧　暂留时间单位是 ms，加工不通孔时，选择孔底暂留可保证孔底质量。

　　10）共同参数设置。在左侧的"参数类别列表"中选择"共同参数"选项，弹出共同参数设置对话框，如图 1-138 所示设置参数，单击确定按钮 ✓ 。

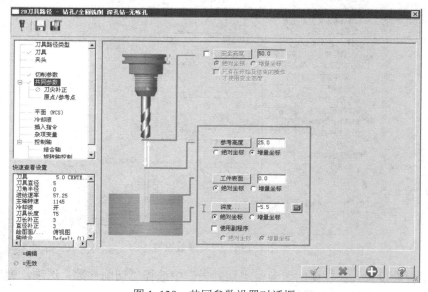

图 1-138　共同参数设置对话框

友情提示

✧ 可利用"深度的计算"按钮▦，计算刀尖补偿量。

操作技巧

✧ 钻孔深度约为刀具直径，可通过实体验证检查深度是否合适。

11）完成钻中心孔操作创建，产生加工刀具路径，如图1-139所示。

12）实体验证。单击"操作管理"中实体加工验证按钮●，系统弹出"验证"对话框，单击▶按钮，模拟结果如图1-140所示。单击确定按钮☑，结束钻中心孔操作创建，在"操作管理"中可以看到创建的钻孔操作。

图1-139　生成刀具路径　　　　　　图1-140　实体加工验证效果

8. 钻2个中心孔

1）复制钻孔操作。在"操作管理"中选择前面创建的钻孔操作，单击右键，选择"复制"，如图1-141所示，然后单击右键，选择"粘贴"。

友情提示

✧ 中间2个孔与周围6个孔不在同一水平面，需另创建钻孔操作。

操作技巧

✧ 相同类型的操作可以复制，然后编辑，这样可以减少重复劳动。

2）更改钻孔点位。在"操作管理"对话框单击 5 - Drill/Counterbore 中的"图形"按钮▦ 图形，系统弹出"钻孔点管理器"对话框，在空白处单击右键，选择"全部重选"，如图1-142所示。

3）系统弹出"选取钻孔的点"对话框，如图1-143所示。

4）选择图1-144所示2个直径为20mm的圆心，单击确定按钮☑。

5）系统返回"钻孔点管理器"对话框，如图1-145所示，单击确定按钮☑，

6）修改孔位的共同参数。在"操作管理"对话框单击 5 - Drill/Counterbore 中的"参数"按钮▦ 参数，系统弹出"2D刀具路径-钻孔/全圆铣削 深孔钻-无啄孔"对话框，在左侧的"参数类别列表"中选择"共同参数"选项，弹出高度参数设置对话框，如图1-146所示设置参数，单击确定按钮☑，完成参数的编辑。

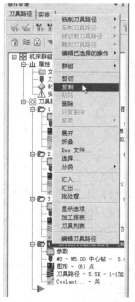

图 1-141　复制操作

图 1-142　单击"全部重选"

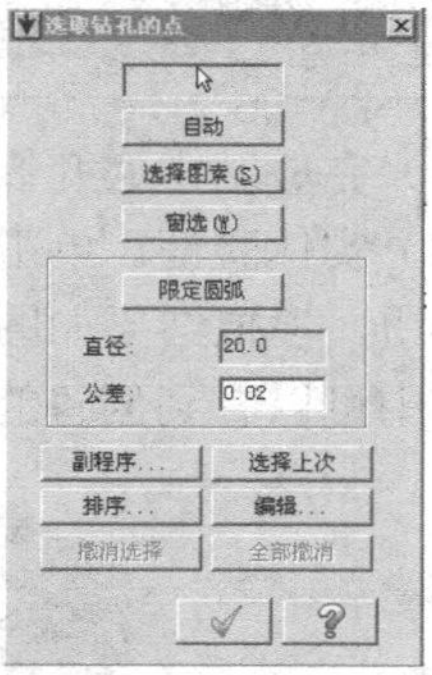

图 1-143　"选取钻孔的点"对话框

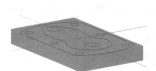

图 1-144　选取钻孔的点

图 1-145　"钻孔点管理器"对话框

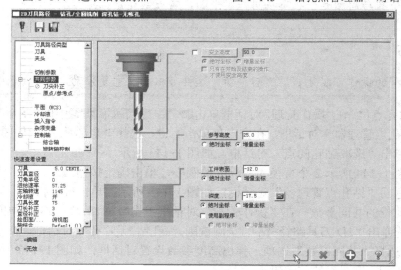

图 1-146　共同参数设置对话框

7）在"操作管理"对话框中，单击重建所有操作按钮 🔧，系统重新计算刀具路径，结果如图 1-147 所示。

8）实体验证。单击"操作管理"对话框中实体加工验证按钮 ❷，系统弹出"验证"对话框，单击 ▶ 按钮，模拟结果如图 1-148 所示。单击确定按钮 ✅，结束钻中心孔操作创建，在"操作管理"对话框中可以看到创建的钻孔操作。

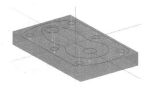

图 1-147　生成刀具路径　　　　　图 1-148　实体加工验证效果

操作技巧

先钻完全部中心孔再钻孔，可以减少换刀次数。

9. 钻 6 个孔

1）复制钻 6 个中心孔操作。在"操作管理"对话框中，选择前面创建的钻 6 个中心孔操作，单击右键，选择"复制"，然后单击右键，选择"粘贴"。

2）重选刀具。在"操作管理"对话框中，单击操作 ❷ 6 - Drill/Counterbore 中的"参数"按钮 📄 参数，系统弹出"2D 刀具路径-钻孔/全圆铣削深孔钻-无啄孔"对话框，在左侧的"参数类别列表"中选择"刀具"选项，出现刀具设置对话框，单击"过滤"按钮，设置过滤条件为类型：钻头、刀具直径=12，如图 1-149 所示，单击"刀具过滤列表设置"对话框中的确定按钮 ✅。

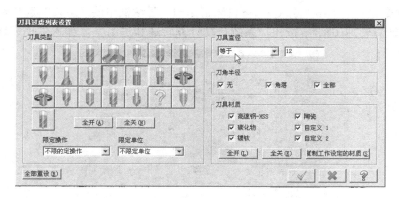

图 1-149　刀具设置对话框

3）刀库选刀。单击"选择库中的刀具"按钮，系统弹出"选择刀具"对话框，如图 1-150 所示，选择直径为 12.0 的钻头。单击"选择刀具"对话框中的确定按钮 ✅，系统返回"2D 刀具路径-钻孔/全圆铣削深孔钻-无啄孔"对话框。

4）定义刀具。双击"2D 刀具路径-钻孔/全圆铣削深孔钻-无啄孔"对话框中的刀具图标，系统弹出"定义刀具-机床群组-1"对话框，如图 1-151 所示，设"刀具号码"为 4、"刀座号码"为 4。

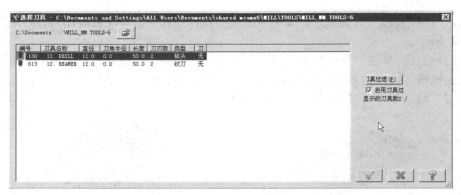

图 1-150 "选择刀具"对话框

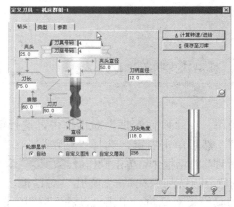

图 1-151 "定义刀具-机床群组-1"对话框

5）刀具参数设置。单击"定义刀具-机床群组-1"对话框中的"参数"选项卡，如图 1-152 所示，单击"计算转速/进给"按钮，系统自动计算转速和进给率，输入"提刀速率"500。

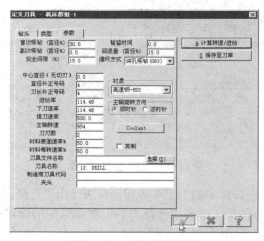

图 1-152 刀具参数设置

6）修改共同参数。在"2D 刀具路径-钻孔/全圆铣削深孔钻-无啄孔"对话框左侧的 "参数类别列表"中选择"共同参数"选项，弹出共同参数设置对话框，在"深度"中输入-20，按下"深度的计算"按钮，系统弹出"深度的计算"对话框，如图1-153所示。单击确定按钮，系统自动计算当前刀具的钻嘴长度并补偿到深度值中，此时深度值自动更新为-23.60516，如图1-154所示。

图1-153　深度的计算对话框

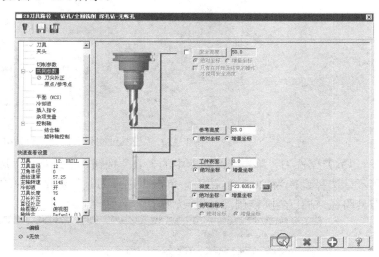

图1-154　同参数设置对话框

> **友情提示**
>
> ◇　"深度的计算"按钮，只能自动补偿刀尖长度；"补正方式"还能补偿"贯穿距离"，防止孔底边缘产生毛刺。

7）在"操作管理"对话框中，单击重建所有操作按钮，系统重新计算刀具路径，结果如图1-155所示。

8）实体验证。单击"操作管理"对话框中的实体加工验证按钮，系统弹出"验证"对话框，单击▶按钮，模拟结果如图1-156所示。单击确定按钮，结束实体验证，在"操作管理"对话框中可以看到钻6个孔的操作。

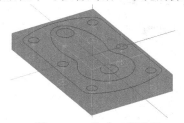

图1-155　生成刀具路径

图1-156　实体加工验证效果

10. 钻2个孔

1）复制钻2个中心孔操作。在"操作管理"对话框中，选择前面创建的钻2个中心孔操作，单击右键，选择"复制"，然后单击右键，选择"粘贴"。

2）重选刀具。在"操作管理"对话框单击操作 6 - Drill/Counterbore 中的"参数"按钮 参数，系统弹出"2D刀具路径-钻孔/全圆铣削深孔钻-无啄孔"对话框，在左侧的"参数类别列表"

中选择"刀具"选项，出现刀具设置对话框，单击"过滤"按钮，设置过滤条件为类型：钻头、刀具直径=20，如图 1-157 所示，单击"刀具过滤列表设置"对话框中的确定按钮✓。

图 1-157 "刀具过滤列表设置"对话框

3）刀库选刀。单击"选择库中的刀具"按钮，系统弹出"选择刀具"对话框，如图 1-158 所示，选择直径为 20.0 的钻头。单击"选择刀具"对话框中的确定按钮✓，系统返回"2D 刀具路径-钻孔/全圆铣削深孔钻-无啄孔"对话框。

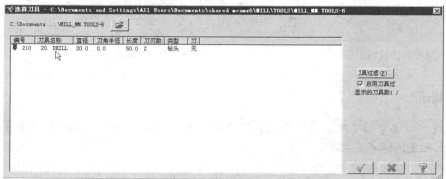

图 1-158 "选择刀具"对话框

4）定义刀具。双击"2D 刀具路径-钻孔/全圆铣削深孔钻-无啄孔"对话框中的刀具图标，系统弹出"定义刀具-机床群组-1"对话框，如图 1-159 所示，设"刀具号码"为 5、"刀座号码"为 5。

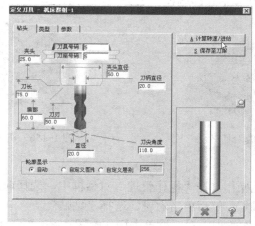

图 1-159 "定义刀具-机床群组-1"对话框

5）刀具参数设置。单击"定义刀具-机床群组-1"对话框中的"参数"选项卡，如图 1-160 所示，单击"计算转速/进给"按钮，系统自动计算转速和进给率，输入"提刀速度"500。

6）修改共同参数。在"2D 刀具路径-钻孔/全圆铣削深孔钻-无啄孔"对话框左侧的"参数类别列表"中选择"共同参数"选项，弹出共同参数设置对话框，在"深度"中输入-20，按下"深度的计算"按钮 ，系统弹出"深度的计算"对话框，如图 1-161 所示。单击确定按钮 ，系统自动计算当前刀具的钻嘴长度并补偿到深度值中，此时深度值自动更新为 -26.00860，如图 1-162 所示。

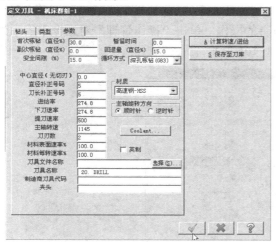

图 1-160　刀具参数设置　　　　　　　　　　　图 1-161　"深度的计算"对话框

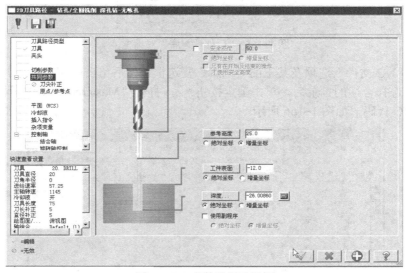

图 1-162　参数设置对话框

7）在"操作管理"对话框中，单击重建所有操作按钮 ，系统重新计算刀具路径，结果如图 1-163 所示。

8）实体验证。单击"操作管理"对话框中的实体加工验证按钮 ，系统弹出"验证"对话框，单击 按钮，模拟结果如图 1-164 所示。单击确定按钮 ，结束实体验证，在"操作管理"中可以看到钻 2 个孔的操作。

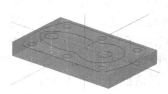
图 1-163　生成刀具路径

图 1-164　实体加工验证效果

11．后处理

1）在"操作管理"对话框中选择所有的操作，单击"操作管理"对话框中的后处理按钮 G1，弹出"后处理程序"对话框，如图 1-165 所示。

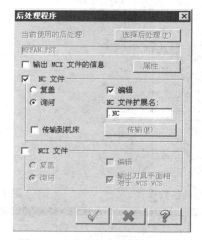

图 1-165　"后处理程序"对话框

2）勾选"NC 文件"选项及其下的"编辑"复选框，然后单击确定按钮，弹出"另存为"对话框，选择合适的目录后，单击确定按钮，打开"Mastercam X 编辑器"对话框，得到所需的 NC 代码，如图 1-166 所示。

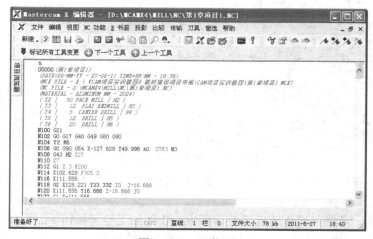

图 1-166　NC 代码

3）关闭"Mastercam X 编辑器"对话框，保存 Mastercam 文件，退出系统。

1.3 实例3—— 综合加工实例

1.3.1 零件介绍

该零件如图 1-167 所示，除底面已加工外，其余表面均需要加工，即需要进行平面铣削、外形铣削、挖槽、钻孔和文字雕刻等加工，毛坯尺寸为 96mm×96mm×52mm。

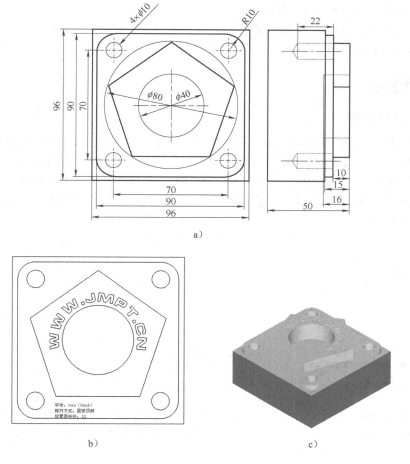

图 1-167 综合加工零件

a）零件尺寸图 b）零件文字信息量 c）零件加工效果图

1.3.2 工艺分析

1. 加工方案分析

根据零件的结构特点和技术要求，首先将毛坯表面加工光滑，接着精加工四边形，然后是五边形，再加工大孔，最后加工四个小孔；精加工四边形、五边形和大圆孔；所有形状加工完成后，在工件表面雕刻文字。

加工路线：表面加工→四边形粗加工→五边形粗加工→大孔粗加工→打四个中心孔→打四个 ϕ10mm 的孔→四边形粗加工→五边形精加工→大孔精加工→文字雕刻。

2. 刀具的选用

根据以上分析，结合数控加工特点，尽可能减小换刀次数，选用刀具如下：

1）光面刀具：ϕ16mm 双刃平底刀。

2）开粗刀具：ϕ12mm 双刃平底刀（粗加工四边形、五边形、大圆孔）。

3）开中心孔：ϕ10mm 中心钻。

4）钻孔刀具：ϕ10mm 麻花钻。

5）精加工刀具：ϕ8mm 四刃平底刀。

6）雕刻刀具：ϕ3mm 雕刻刀。

1.3.3 操作创建

1. 绘制二维图形

1）启动 Mastercam。启动 Mastercam X6，按 F9 键，显示坐标系，结果如图 1-168 所示。

2）绘制 2 个矩形。单击"草图"工具栏上的"矩形"按钮 ▣。在动态工具条中输入宽度 96、高度 96，激活"基准点为中心点"按钮 ▣，如图 1-169 所示。单击原点，再单击动态工具条中的"OK"按钮 ☑，完成矩形的创建。用同样的方法，绘制 90mm×90mm 的矩形，结果如图 1-170 所示。

图 1-168　启动 Mastercam X6　　　　　　　　图 1-169　矩形动态工具条

3）串连倒圆角。单击"草图"工具栏上的"串连倒圆角"按钮 ⟨⟨串连倒圆角⟩，捕捉需要倒圆角的矩形（90mm×90mm），设置圆角半径为 10.0mm，如图 1-171 所示，单击应用按钮 ☑，完成倒圆角操作，结果如图 1-172 所示。

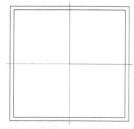

图 1-170　完成两矩形绘制

图 1-171　串连倒圆角动态工具条

4）画直径为 10mm 的圆。单击"草图"工具栏上的"圆心+点"按钮 ，捕捉左下角倒圆圆心，在动态工具条中输入直径值 10.0，如图 1-173 所示。单击确定按钮 ，回车，完成圆的创建，结果如图 1-174 所示。

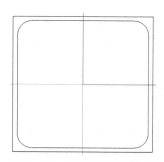

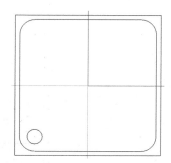

图 1-172　完成倒圆角操作　　　图 1-173　画圆动态工具栏　　　图 1-174　画图结果

5）阵列。单击"转换"菜单下的"阵列"选项 ，选择前面绘制的圆，回车，系统弹出"矩形阵列选项"对话框，按图 1-175 所示设置参数，单击"方向 1"和"方向 2"按钮 ，调整阵列方向至合适状态，结果如图 1-176 所示。

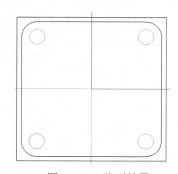

图 1-175　"矩形阵列选项"对话框　　　　图 1-176　阵列结果

6）画正五边形。单击"草图"工具栏上的"画多边形"按钮 ，系统弹出"多边形选项"对话框，如图 1-177 所示，输入边数 5、半径 40.0，激活"内接圆"选项。捕捉原点，单击应用按钮，完成正五边形的创建，结果如图 1-178 所示。

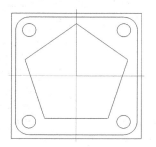

图 1-177　多边形选项对话框　　　　图 1-178　画正五边形结果

7）画直径为 40mm 的圆。单击"草图"工具栏上的"圆心+点"按钮 ，捕捉原点，在动态工具栏中输入直径 40，完成圆的创建，结果如图 1-179 所示。

8）设置图层。单击状态栏中的"层别"文本框，输入 2，如图 1-180 所示。则此后所作图形落在第 2 层。

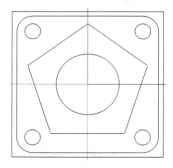

图 1-179　画直径 40mm 的圆

图 1-180　图层设置文本框

9）文字录入。单击"草图"工具栏上的"绘制文字"按钮 L L 绘制文字…，系统弹出"绘制文字"对话框，按图 1-181 所示进行设置，单击"确定"按钮，捕捉原点，完成文字的录入，结果如图 1-182 所示。至此，完成零件加工所需的二维模型。

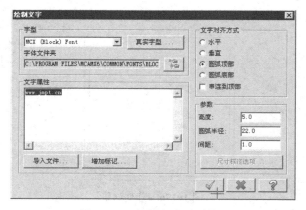

图 1-181　绘制文字对话框

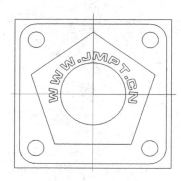

图 1-182　完成图

2. 选择机床

单击菜单"机床类型"—"铣削"—"默认"，单击左侧"操作导航器"中的展开按钮 ⊞，结果如图 1-183 所示。

图 1-183　操作导航器

3. 材料设置

1）单击图 1-184 所示"操作管理"对话框中的◇ 材料设置，系统弹出"机器群组属性"对话框，按图 1-185 所示设置参数。

2）单击确定按钮 ✓ ，结果如图 1-185 所示。

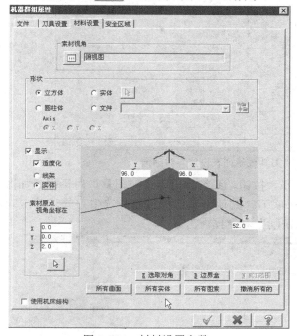
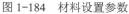

图 1-184 材料设置参数

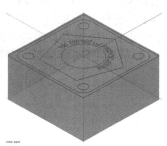

图 1-185 毛坯设置效果

4. 平面铣削

1）启动平面铣削。单击"刀具路径"—"平面铣"，系统弹出"输入新 NC 名称"对话框，单击确定按钮 ✓ ，系统弹出"串连选项"对话框，单击确定按钮 ✓ ，默认铣削范围为毛坯表面，系统弹出"2D 刀具路径-平面铣削"对话框，如图 1-186 所示。

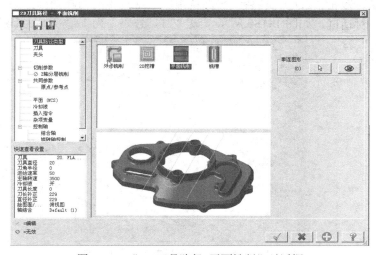

图 1-186 "2D 刀具路径-平面铣削"对话框

2）选择刀具。单击"参数类别列表"中的"刀具"选项，出现刀具设置对话框，单击"过滤"，弹出"刀具过滤列表设置"对话框，如图 1-187 所示，设置"刀具类型"为"平底刀" 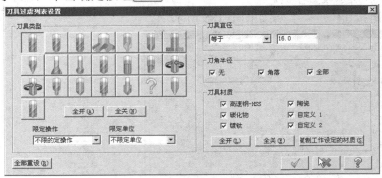、"刀具直径"为 16.0，单击确定按钮 。

图 1-187 "刀具过滤列表设置"对话框

3）刀库选刀。单击"从刀库中选择"按钮，系统弹出"选择刀具"对话框，如图 1-188 所示。此时刀库只有一把符合要求的平底刀，其他刀具已被过滤。选中刀具，单击确定按钮 ，系统返回"2D 刀具路径-平面铣削"对话框。

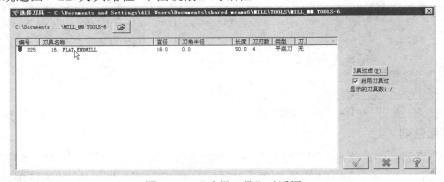

图 1-188 "选择刀具"对话框

4）定义刀具。双击"2D 刀具路径-平面铣削"对话框中的刀具图标，系统弹出"定义刀具-机床群组-1"对话框，如图 1-189 所示，设"刀具号码"为 1、"刀座号码"为 1。

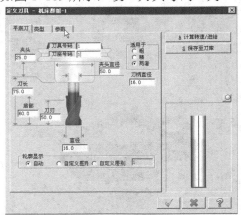

图 1-189 "定义刀具-机床群组-1"对话框

5）刀具参数设置。单击"定义刀具-机床群组-1"对话框中的"参数"选项卡，如图 1-190 所示，单击"计算转速/进给"按钮，系统自动计算转速和进给率，然后设置"下刀速率"为 200.0、"提刀速率"为 2000.0。

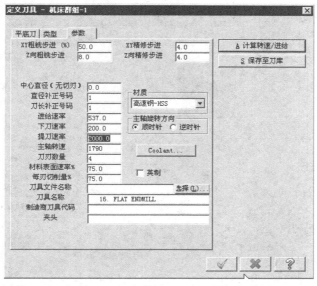

图 1-190 "定义刀具-机床群组-1"对话框的"参数"选项卡

6）单击"定义刀具"对话框中的确定按钮 ✓，系统返回"2D 刀具路径-平面铣削"对话框，如图 1-191 所示，系统自动加载切削参数和刀具补正号。

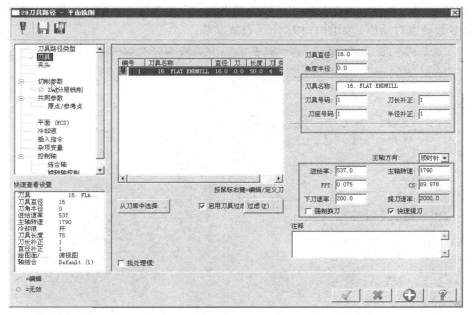

图 1-191 "2D 刀具路径-平面铣削"对话框的刀具参数

7）切削参数设置。在左侧的"参数类别列表"中选择"切削参数"选项，弹出切削参数设置对话框，设置"类型"为"双向"、"两切削间的移位方式"为"高速回圈"，如图 1-192 所示设置参数。

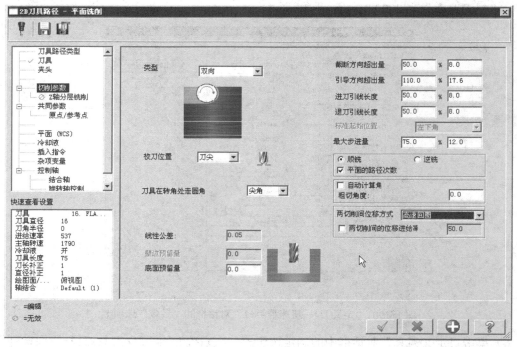

图 1-192　切削参数设置对话框

8）深度切削参数设置。在左侧的"参数类别列表"中选择"Z 轴分层铣削"选项，弹出深度切削参数设置对话框，如图 1-193 所示设置参数。

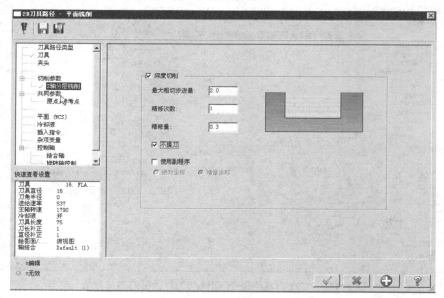

图 1-193　深度切削参数设置对话框

9）共同参数设置。在左侧的"参数类别列表"中选择"共同参数"选项，弹出共同参数设置对话框，如图 1-194 所示设置参数。

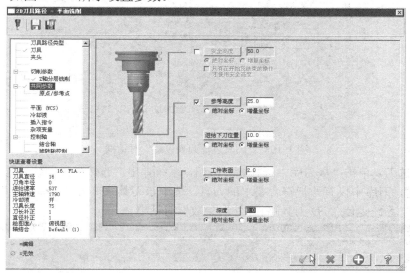

图 1-194　共同参数设置对话框

10）单击确定按钮 ，完成平面铣削操作创建，产生加工刀具路径，如图 1-195 所示。

11）实体验证。单击"操作管理"对话框中的实体加工验证按钮 ，系统弹出"验证"对话框，单击 按钮，模拟结果如图 1-196 所示。单击确定按钮 ，结束平面铣削操作创建，在"操作管理"对话框中可以看到创建的"平面加工"操作。

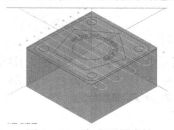

图 1-195　生成刀具路径

图 1-196　实体加工验证效果

5. 粗铣四边形（ϕ12mm 立铣刀外形铣削）

1）外形铣削。单击"刀具路径"—"外形铣削"，系统弹出"串连选项"对话框，单击串连按钮 ，选择图 1-197 所示外形边界，单击"串连选项"对话框中的确定按钮 。

图 1-197　串连外形

2）系统弹出"2D 刀具路径-外形铣削"对话框，单击"参数类别列表"中的"刀具"选项，出现刀具设置对话框，单击"过滤"按钮，设置过滤条件为类型：平底刀、直径=12，如

图 1-198 所示，单击"刀具过滤列表设置"对话框中的确定按钮☑。

图 1-198 "刀具过滤列表设置"对话框

3）刀库选刀。单击"从刀库中选择…"按钮，系统弹出"选择刀具"对话框，如图 1-199 所示，经过滤，刀库中仅有一把符合要求的刀具。选中该刀具，单击"选择刀具"对话框中的确定按钮☑，系统返回"2D 刀具路径-外形参数"对话框。

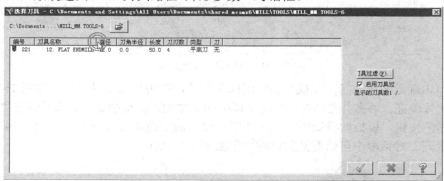

图 1-199 "选择刀具"对话框

4）定义刀具。双击"2D 刀具路径-外形铣削"对话框中刀具号码为 221 的刀具图标，系统弹出"定义刀具-机床群组-1"对话框，如图 1-200 所示，设"刀具号码"为 2、"刀座号码"为 2。

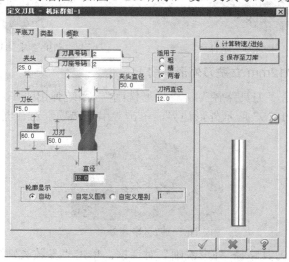

图 1-200 "定义刀具-机床群组-1"对话框

5）刀具参数设置。单击"定义刀具-机床群组-1"对话框中的"参数"选项卡，如图 1-201 所示，单击"计算转速/进给"按钮，系统自动计算转速和进给率，然后设置"下刀速率"为 200.0、"提刀速率"为 2000。单击"定义刀具"对话框中的确定按钮 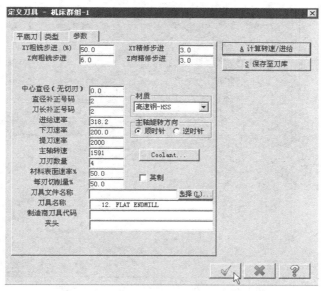，系统返回"2D 刀具路径-外形铣削"对话框，系统自动加载切削参数和刀具补正号。

图 1-201 "定义刀具-机床群组-1"对话框的"参数"选项卡

6）切削参数设置。在左侧的"参数类别列表"中选择"切削参数"选项，弹出切削参数设置对话框，如图 1-202 所示设置参数，壁边留有 0.2 的精加工余量。

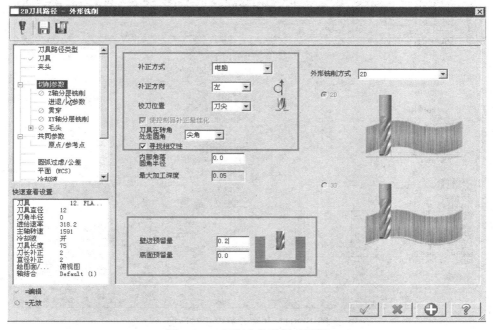

图 1-202 切削参数设置对话框

7）Z 轴分层切削参数设置。在左侧的"参数类别列表"中选择"Z 轴分层铣削"选项，弹出深度切削参数设置对话框，如图 1-203 所示设置参数。

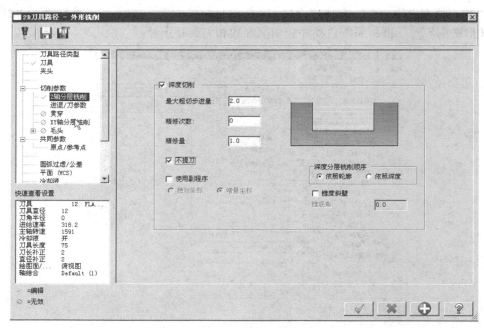

图 1-203　Z 轴分层铣削参数设置对话框

8）共同参数设置。在左侧的"参数类别列表"中选择"共同参数"选项，弹出共同参数设置对话框，如图 1-204 所示设置参数。

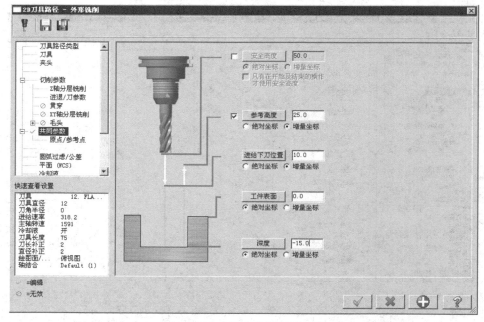

图 1-204　共同参数设置对话框

9）单击确定按钮 ☑️ ，完成外形铣削操作创建，产生加工刀具路径，如图 1-205 所示。

10）实体验证。单击"操作管理"中的实体加工验证按钮 ◉ ，系统弹出"验证"对话框，单击 ▶ 按钮，模拟结果如图 1-206 所示。单击确定按钮 ☑️ ，结束外形铣削操作创建，在"操作管理"中可以看到创建的外形铣削操作。

图 1-205 生成刀具路径

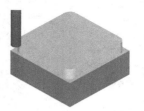
图 1-206 实体加工验证效果

6. 粗铣五边形（ϕ12mm 立铣刀外形铣削）

1）复制刀具规划操作。在"操作管理"中选择前面创建的四边形外形铣削操作，单击右键，选择"复制"，然后单击"粘贴"。

2）重选外形。单击刚才粘贴的外形铣削操作下的图形选项 ▦ 图形 - (1) 串连(s) ，系统弹出"串连管理"对话框，如图 1-207 所示，在空白区单击右键，单击"全部重新串连"，捕捉需要加工的五边形，如图 1-208 所示。

图 1-207 串连管理器

图 1-208 串连捕捉五边形

3）增加 XY 轴分层铣削。在"2D 刀具路径-外形铣削"对话框左侧的"参数类别列表"中选择"XY 轴分层铣削"选项，弹出 XY 轴分层铣削设置对话框，按图 1-209 所示进行参数设置，以增加外形铣削层数。

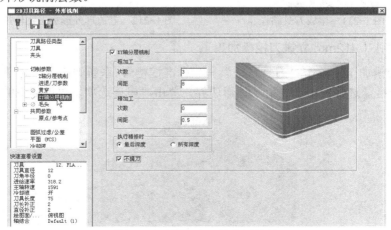
图 1-209 增加 XY 轴分层铣削

4）修改深度参数。在"2D 刀具路径-外形铣削"对话框左侧的"参数类别列表"中选择"共同参数"选项，弹出共同参数设置对话框，在"深度"中输入-10.0，如图 1-210 所示。

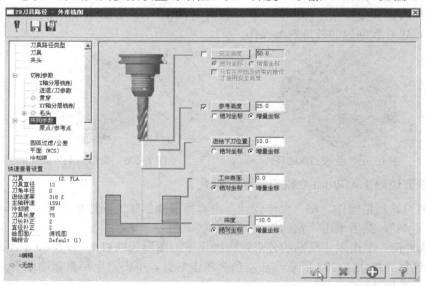

图 1-210　修改深度参数

5）在"操作管理"对话框中，单击重建所有已失败的操作按钮，系统重新计算刀具路径，结果如图 1-211 所示。

6）实体验证。单击"操作管理"对话框中的实体加工验证按钮，系统弹出"验证"对话框，单击▶按钮，模拟结果如图 1-212 所示。单击确定按钮，结束实体验证。

图 1-211　生成刀具路径

图 1-212　五边形外形加工实体加工验证

7. 粗铣大孔（ϕ12mm 立铣刀挖槽加工）

1）启动挖槽加工。单击"刀具路径"—"标准挖槽"，系统弹出"串连选项"对话框，单击串连按钮，选择图 1-213 所示外形边界，单击"串连选项"对话框中的确定按钮。

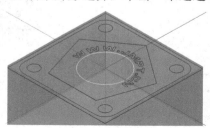

图 1-213　串连外形

2）系统弹出"2D 刀具路径-2D 挖槽"对话框。单击"参数类别列表"中的"刀具"选项，弹出刀具设置对话框，如图 1-214 所示，选择 2 号刀具。

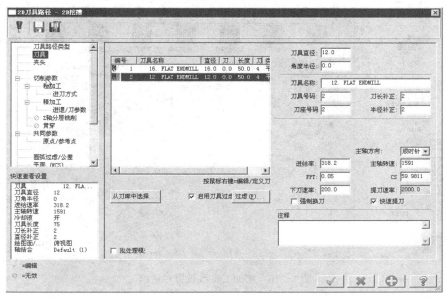

图 1-214　刀具设置对话框

3）切削参数设置。在左侧的"参数类别列表"中选择"切削参数"选项，弹出切削参数设置对话框，如图 1-215 所示设置参数，留有 0.2mm 的精加工余量。

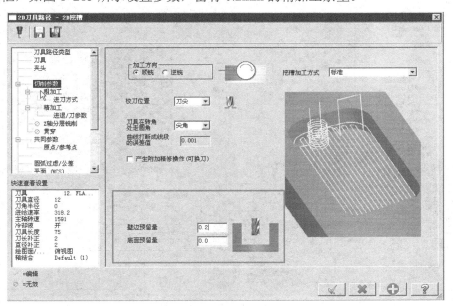

图 1-215　切削参数设置对话框

4）粗加工参数设置。在左侧的"参数类别列表"中选择"粗加工"选项，弹出粗加工参数设置对话框，如图 1-216 所示设置参数。

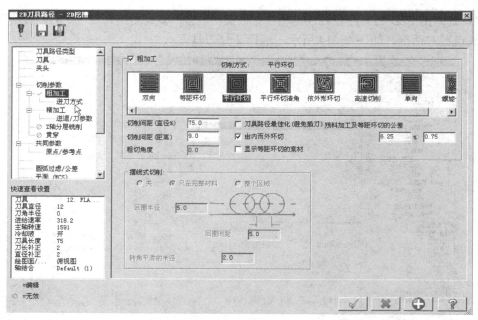

图 1-216　粗加工参数设置对话框

5）进刀模式设置。在左侧的"参数类别列表"中选择"进刀模式"选项，弹出进刀模式设置对话框，如图 1-217 所示设置参数，开启螺旋式下刀功能。

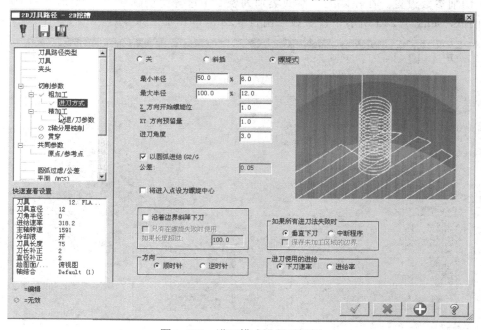

图 1-217　进刀模式设置对话框

6）精加工设置。在左侧的"参数类别列表"中选择"精加工"选项，弹出精加工设置对话框，如图 1-218 所示设置参数，取消精加工刀路。

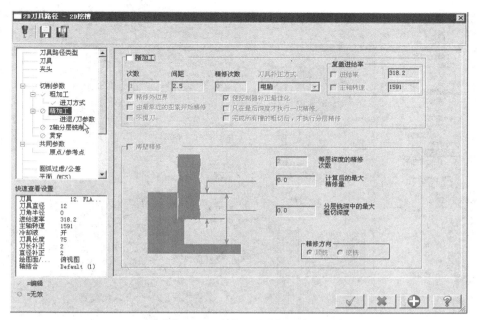

图 1-218　精加工设置对话框

7）Z 轴分层铣削参数设置。在左侧的"参数类别列表"中选择"Z 轴分层铣削"选项，弹出 Z 轴分层铣削设置对话框，如图 1-219 所示设置参数。

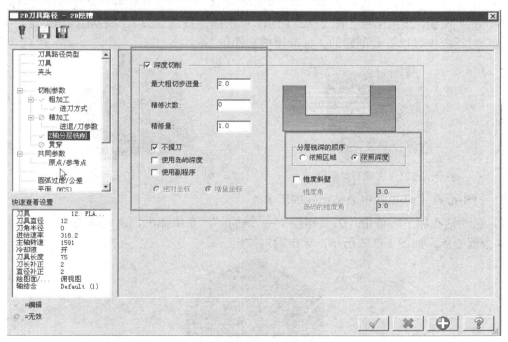

图 1-219　Z 轴分层铣削参数设置对话框

8）共同参数设置。在左侧的"参数类别列表"中选择"共同参数"选项，弹出共同参数设置对话框，如图 1-220 所示设置参数，单击确定按钮 。

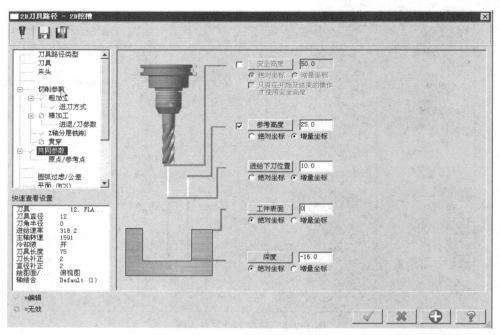

图 1-220　共同参数设置对话框

9）完成挖槽操作创建，产生加工刀具路径，如图 1-221 所示。

10）实体验证。单击"操作管理"对话框中的实体加工验证按钮，系统弹出"验证"对话框，单击 按钮，模拟结果如图 1-222 所示。单击确定按钮，结束挖槽操作创建，在"操作管理"对话框中可以看到创建的"标准挖槽"操作。

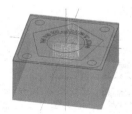

图 1-221　生成刀具路径

图 1-222　实体加工验证效果

8. 打中心孔（ϕ5mm 中心钻钻孔加工）

1）启动钻孔加工。单击"刀具路径"—"钻孔"，系统弹出"选取钻孔的点"对话框，选取 4 个圆心点，如图 1-223 所示，单击确定按钮。

图 1-223　选取 4 个圆心点

2）系统弹出"2D 刀具路径-钻孔/全圆铣削深孔钻-无啄孔"对话框，单击"参数类别列表"中的"刀具"选项，弹出刀具设置对话框，单击"过滤"按钮，设置过滤条件为类型：中心钻，如图 1-224 所示，单击"刀具过滤列表设置"对话框中的确定按钮☑。

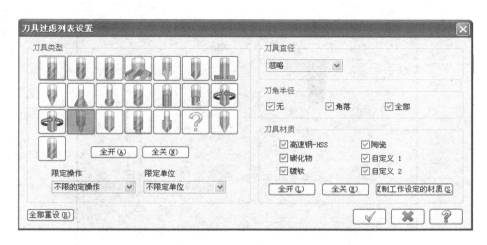

图 1-224　"刀具过滤列表设置"对话框

3）刀库选刀。单击"从刀库中选择…"按钮，系统弹出"选择刀具"对话框，如图 1-225 所示，经过滤，刀库中仅显示不同规格的中心钻。选择直径为 10 的中心钻，单击"选择刀具"对话框中的确定按钮☑，系统返回"2D 刀具路径-钻孔/全圆铣削深孔钻-无啄孔"对话框。

图 1-225　"选择刀具"对话框

4）定义刀具。双击"2D 刀具路径-钻孔/全圆铣削深孔钻-无啄孔"对话框中刀具号码为 1 的刀具图标，系统弹出"定义刀具-机床群组-1"对话框，如图 1-226 所示，设"刀具号码"为 3、"刀座号码"为 3。

5）刀具参数设置。单击"定义刀具-机床群组-1"对话框中的"参数"选项卡，如图 1-227 所示，单击"计算转速/进给"按钮，系统自动计算转速和进给率，输入"提刀速度"500。

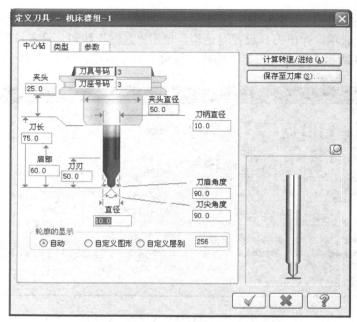

图 1-226 "定义刀具-机床群组-1"对话框

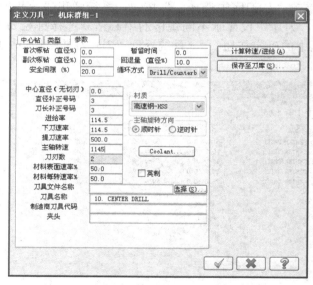

图 1-227 刀具参数设置

6）单击"定义刀具-机床群组-1"对话框中的确定按钮，系统返回"2D 刀具路径-钻孔/全圆铣削深孔钻-无啄孔"对话框，系统自动加载切削参数和刀具补正号。

7）切削参数设置。在左侧的"参数类别列表"中选择"切削参数"选项，弹出切削参数设置对话框，如图 1-228 所示设置参数。

8）共同参数设置。在左侧的"参数类别列表"中选择"共同参数"选项，弹出共同参数设置对话框，如图 1-229 所示设置参数，单击确定按钮。

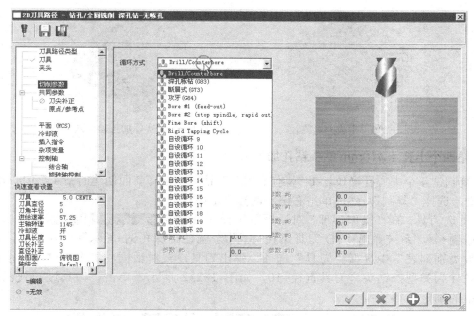

图 1-228　切削参数设置对话框

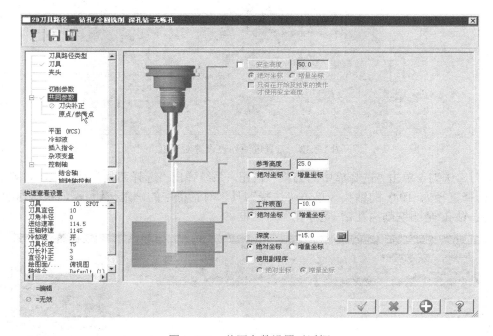

图 1-229　共同参数设置对话框

9）完成钻中心孔操作创建，产生加工刀具路径，如图 1-230 所示。

10）实体验证。单击"操作管理"对话框中实体加工验证按钮，系统弹出"验证"对话框，单击▶按钮，模拟结果如图 1-231 所示。单击确定按钮，结束钻中心孔操作创建，在"操作管理"对话框中可以看到创建的钻孔操作。

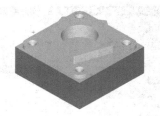

图 1-230 生成刀具路径　　　　图 1-231 实体加工验证效果

9. 钻四个小孔（ϕ10mm 钻头钻孔加工）

1）复制钻 4 个中心孔操作。在"操作管理"对话框中选择前面创建的钻 4 个中心孔操作，单击右键，选择"复制"，然后单击右键，选择"粘贴"。

2）重选刀具。在"操作管理"对话框单击操作 □ 7 5 - Drill/Counterbore - [WCS: 俯视图] - [刀具平面: 俯视图] 中的"参数"按钮 □ 参数，系统弹出"2D 刀具路径-钻孔/全圆铣削深孔钻-无啄孔"对话框，在左侧的"参数类别列表"中选择"刀具"选项，弹出刀具设置对话框，单击"过滤"按钮，设置过滤条件为类型：钻头、刀具直径=10，如图 1-232 所示，单击"刀具过滤列表设置"对话框中的确定按钮 ✓。

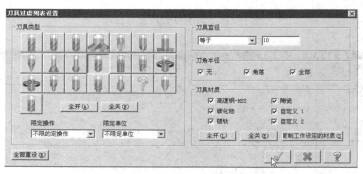

图 1-232 刀具过滤列表设置对话框

3）刀库选刀。单击"选择库中的刀具"按钮，系统弹出"选择刀具"对话框，如图 1-233 所示，选择直径为 10.0 的钻头。单击"选择刀具"对话框中的确定按钮 ✓，系统返回"2D 刀具路径-钻孔/全圆铣削深孔钻-无啄孔"对话框。

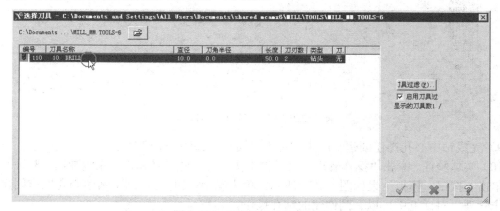

图 1-233 "选择刀具"对话框

4）定义刀具。双击"2D 刀具路径-钻孔/全圆铣削深孔钻-无啄孔"对话框中刀具图标，系统弹出"定义刀具-机床群组-1"对话框，如图1-234所示，设"刀具号码"为4、"刀座号码"为4。

5）刀具参数设置。单击"定义刀具-机床群组-1"对话框中的"参数"选项卡，如图1-235所示，单击"计算转速/进给"按钮，系统自动计算转速和进给率，输入"提刀速率"2000。

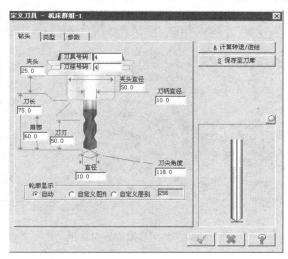

图1-234 "定义刀具-机床群组-1"对话框

6）修改共同参数。在"2D 刀具路径-钻孔/全圆铣削深孔钻-无啄孔"对话框左侧的"参数类别列表"中选择"共同参数"选项，弹出共同参数设置对话框，在"深度"中输入-32，按下"深度的计算"按钮，系统弹出"深度的计算"对话框，如图1-236所示，单击确定按钮。系统自动计算当前刀具的钻嘴长度并补偿到深度值中，此时深度值自动更新为-35.00430，如图1-237所示。

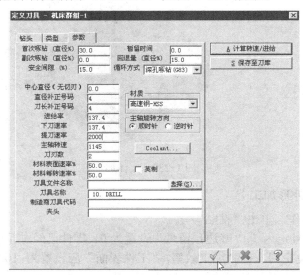

图1-235 刀具参数设置

图1-236 深度的计算对话框

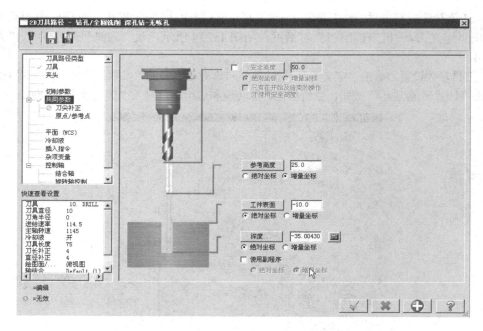

图 1-237　共同参数设置对话框

7）在"操作管理"对话框中单击重建所有已失败操作按钮▓，系统重新计算刀具路径，结果如图 1-238 所示。

8）实体验证。单击"操作管理"对话框中的实体加工验证按钮▓，系统弹出"验证"对话框，单击▶按钮，模拟结果如图 1-239 所示。单击确定按钮☑，结束实体验证，在"操作管理"对话框中可以看到钻 4 个孔的操作。

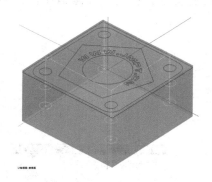

图 1-238　生成刀具路径

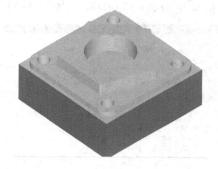

图 1-239　实体加工验证效果

10. 精加工四边形（ϕ8mm 立铣刀外形加工）

1）复制前面四边形的粗加工刀路操作，单击"粘贴"。

2）修改刀具为ϕ8mm 立铣刀，将刀号定为 5、"壁边预留量"设置为 0，零件已经过粗铣，四边形的上表面已不是毛坯表面，为避免空刀，提高加工效率，"工件表面"应设置为-10.0，如图 1-240 所示，具体的操作步骤同前，就不再多叙述了。

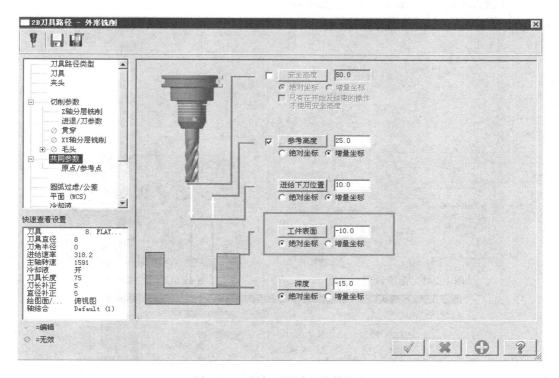

图1-240 精加工四边形参数修改

11. 精加工五边形（ϕ8mm 立铣刀外形加工）

1）复制前面五边形的粗加工刀路操作，单击"粘贴"。

2）选择 5 号刀具，将"壁边预留量"设置为 0，取消 XY 分层铣削，步骤同前，具体操作过程就不再多叙述了。

12. 精加工大孔（ϕ8mm 立铣刀挖槽加工）

1）复制前面大孔挖槽的粗加工刀路操作，单击"粘贴"。

2）选择 5 号刀具，将"壁边预留量"设置为 0，取消挖槽粗加工设置，步骤同前，具体操作过程就不再多叙述了。

13. 文字雕刻（ϕ3mm 雕刻刀雕刻加工）

1）设置图层。因为文字的图素比较多，一般采用窗选的方式进行选择，在建模时已将它单独处于第 2 层，故需将第 2 层设为当前层，为避免选中不必要的图素，隐藏第 1 层。单击状态栏中的"图层"按钮，系统弹出"层别管理"对话框，按图 1-241 所示进行设置。

2）启动雕刻加工。单击"刀具路径"—"雕刻"，系统弹出"串连选项"对话框，选取窗选的方式，框中所有文字，再捕捉文字中的一个点作为搜寻点，完成文字选择，如图 1-242 所示，系统弹出"雕刻"对话框。

3）选择刀具。单击"参数类别列表"中的"刀具"选项，出现刀具设置对话框，单击"过滤"，弹出"刀具过滤列表设置"对话框，如图 1-243 所示，"刀具类型"为雕刻刀，单击确定按钮 ✓ 。

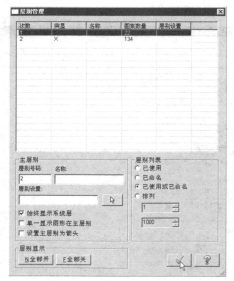

图 1-241　图层设置对话框

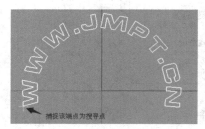

图 1-242　文字选择

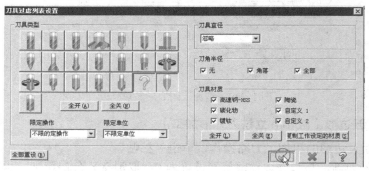

图 1-243　"刀具过滤列表设置"对话框

4）刀库选刀。单击"从刀库中选择"按钮，系统弹出"选择刀具"对话框，如图 1-244 所示。选中直径为 5mm、编号为 260 的刀具，单击确定按钮，系统返回"雕刻"对话框。

5）定义刀具。双击"2D 刀具路径-平面加工"对话框中的刀具图标，系统弹出"定义刀具"对话框，如图 1-245 所示，设"刀具号码"为 6、"刀座号码"为 6、刀尖"直径"设为 0.5、"锥度角"为 15。

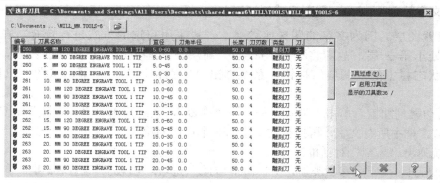

图 1-244　"选择刀具"对话框

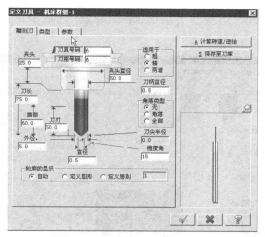

图 1-245　"定义刀具"对话框

6）刀具参数设置。单击"定义刀具"对话框中的"参数"选项卡，如图 1-246 所示，单击"计算转速/进给"按钮，系统自动计算转速和进给率。

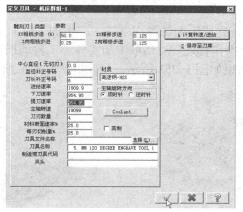

图 1-246　"定义刀具"对话框的"参数"选项卡

7）雕刻加工参数设置。单击"雕刻加工参数"选项卡，按图 1-247 所示设置参数；单击"分层铣深"复选框，系统弹出"深度切削"设置对话框，按图 1-248 所示进行设置。

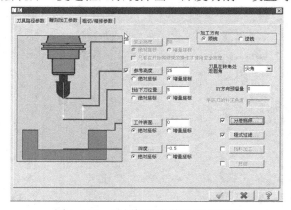

图 1-247　雕刻加工参数设置对话框

图 1-248　尝试切削设置对话框

8）粗切/精修参数设置。切换到"粗切/精修参数"选项卡，按图 1-249 所示参数进行设置。

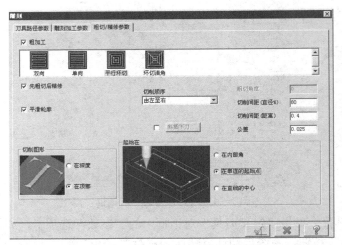

图 1-249　粗切/精修参数设置对话框

9）单击确定按钮 ☑ ，完成平面铣操作创建，产生加工刀具路径，如图 1-250 所示。

10）实体验证。单击"操作管理"对话框中的实体加工验证按钮 ，系统弹出"验证"对话框，单击 按钮，模拟结果如图 1-251 所示。到此，所有加工操作完成。

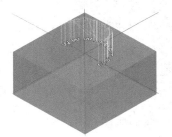
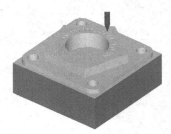

图 1-250　生成刀具路径　　　　图 1-251　实体加工验证效果

第②章
三维铣削加工

2.1 实例1——冲压模具加工

2.1.1 零件介绍

冲压模具线架构如图 2-1a 所示，先画三维线架构，再画曲面，然后进行曲面粗加工和曲面精加工，完成后的零件如图 2-1b 所示。

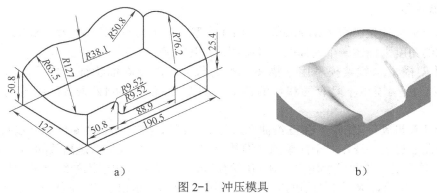

图 2-1　冲压模具
a) 冲压模具线架构　b) 完成后的零件

2.1.2 工艺分析

1. 零件形状和尺寸分析

该零件上表面是昆氏曲面，侧面和底面是平面，长 190.5mm、宽 127mm、高约 95mm。

2. 毛坯尺寸

除上表面外，其余五个面均为平面，可先在普通机床上进行加工，故本实例只讨论曲面加工的问题。

零件形状近似长方体，故选择长方体形状毛坯较为合适。

由于曲面部分余量不均匀，需进行粗加工和精加工，粗铣余量一般为 1~2.5mm，精铣余量一般为 0.25～0.3mm，故毛坯确定为长 190.5mm、宽 127mm、高约 97mm 的长方体。

3. 工件装夹

由于底面和侧面均已经加工完毕，可利用底面和侧面进行定位，使用平口钳装夹。

4. 加工方案

1）毛坯成形。毛坯成形方法可根据其材料、形状和尺寸选择铸造或锻造成形。

2）铣削加工。在普通铣床上铣削六个面，加工至尺寸 190.5mm×127mm×96.87mm。

3）曲面粗加工。在数控铣床（或加工中心）上进行曲面粗加工，留余量 0.3mm。

4）曲面精加工。在数控铣床（或加工中心）上进行曲面精加工。

2.1.3 相关知识

1. 三维加工

三维加工对应 Mastercam 三维刀具路径，主要指曲面粗加工和曲面精加工，一般使用 X、Y、Z 三轴联动的数控铣床或加工中心进行加工。三维加工必须绘制三维图形，即三维造型或三维建模。

而二维加工，只需 X、Y 两轴联动，第三轴（Z 轴）周期性（间歇）进给，两轴半数控铣床或加工中心即可进行加工。二维加工只需绘制二维图形（俯视图）即可。

2. 三维模型

三维模型分为线架模型（Wireframe）、曲面模型（Surface）及实体模型（Solid）三种，它们是从不同的角度来描述一个物体的，各有侧重，各具特色。

（1）线架模型 线架模型用来描述三维对象的轮廓及断面特征，主要由点、直线、曲线等组成。线架模型不具有面和体的特征。图 2-2a 所示为 12 条直线组成的长方体线架模型。

早期受计算机硬件限制，产生三维曲面进行加工相当耗时，所以 Mastercam 系统以线架模型来做三维曲面加工。现在对于简单的三维外形加工，线架加工仍然是高效的加工方式。

（2）曲面模型 曲面模型用来描述曲面的形状，一般是对线架模型经过进一步处理得到的。曲面模型不仅可以显示出曲面的轮廓，而且可以显示出曲面的真实形状。一个曲面是由多个曲面片组成的，这些曲面片是通过多边形网格来定义的。图 2-2b 所示为 6 个面组成的长方体曲面模型。

Mastercam 三维加工主要是针对曲面加工，通常绘制曲面之前先绘制线架模型，然后在线架模型的基础上再构建曲面，好比是做灯笼，先把架子搭好，再往上蒙油纸，因此也有人称线架为灯笼线或龙骨线。

线架模型是曲面模型绘制的基础。

（3）实体模型 实体模型具有体的特征，可以进行布尔运算等各种体操作。它由一系列表面包围，这些表面可以是普通的平面，也可以是复杂的曲面。实体模型中除包含二维图形数据外，还包含相当多的工程数据，如体积、边界面和边等。图 2-2c 所示为长方体实体模型。

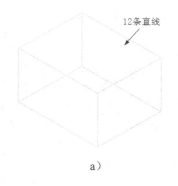
12条直线

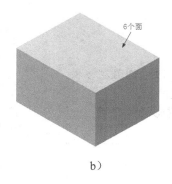
6个面

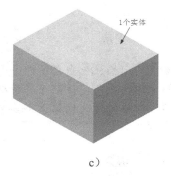
1个实体

a）　　　　　　　　　　　b）　　　　　　　　　　　c）

图 2-2　长方体三维模型

a）线架模型　b）曲面模型　c）实体模型

友情提示

◇　曲面和实体外表看起来相似，可一个一个面选择的是曲面模型，只能整体选择的是实体模型；另外，可通过菜单"分析"—"图素属性"或"屏幕"—"屏幕统计"来区分。

◇　Mastercam 主要是针对曲面加工，单击"启用实体选择"按钮🗹，也可以直接对实体表面进行加工。

3. 三维建模方法

1）三维线架图可以看成是若干平面图形的空间组合，故三维线架图可分解为二维图形进行绘制，但需正确设置绘图面和工作（构图）深度。

2）线架模型是曲面和实体建模的基础，一般先画三维线架图，再在此基础上绘制曲面或实体模型。

3）利用菜单"绘图"—"曲面"—"由实体生成曲面"，可以在实体表面生成曲面。

4）利用菜单"实体"—"由曲面生成实体"，可以将曲面生成实体。

5）实际建模时，根据需要可以采用曲面建模、实体建模和混合建模。

2.1.4　操作创建

1. 绘制三维图形

1）启动 Mastercam。启动 Mastercam X6，按 F9 键，显示坐标系，单击"屏幕视角"工具栏上的"I 等视图"按钮⊕，屏幕显示如图 2-3 所示。

2）网格设置。单击菜单"屏幕"—"网格设置"，系统弹出"网格参数"对话框，如图 2-4 所示设置参数。

3）显示网格。单击"网格参数"对话框中的确定按钮🗹，系统显示网格，以代表当前的绘图平面，结果如图 2-5 所示。

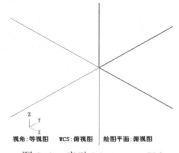
视角：等视图　　WCS：俯视图　　绘图平面：俯视图

图 2-3　启动 Mastercam X6

友情提示

◇ 用网格代表当前绘图平面，使绘图直观方便。
◇ 网格颜色要区别于背景颜色。
◇ 网格间距、网格大小要与图形尺寸合适。

操作技巧

◇ 不要勾选 □启用网格 ，除非绘图尺寸都是网格间距的整数倍。

4）2D 绘图。单击屏幕下方状态栏上的"3D"按钮 3D ，将其设为"2D"状态 2D 。

友情提示

◇ "3D"状态就是空间绘图，不受当前绘图平面的限制；"2D"状态就是平面绘图，所绘图形元素位于当前绘图平面上。实际绘图时，通过 2D/3D 的适时切换可提高绘图效率。

图 2-4 "网格参数"对话框

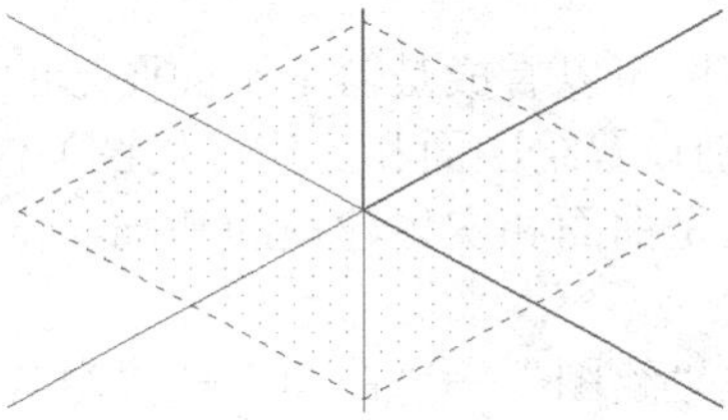

图 2-5 显示网格

5）画矩形。在"草图"工具栏中单击"矩形"按钮 ⊡▾ ，弹出矩形操作栏，如图 2-6 所示，单击"设置基准点为中心点"按钮 ⊞ ，在屏幕上选择原点作为基准点位置，如图 2-7 所示。

图 2-6 矩形操作栏

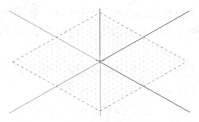

图 2-7 选取基准点位置

6）按图 2-6 所示设置参数，单击矩形操作栏中的确定按钮 ✓ ，结果如图 2-8 所示（尺寸系检查用，可不注）。

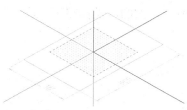

图 2-8　画矩形

7）平移复制矩形。选择刚才绘制的矩形，单击菜单"转换"—"平移"，系统弹出"平移"对话框，如图 2-9 所示设置参数。

8）单击"平移"对话框中的确定按钮 ✓ ，结果如图 2-10 所示。

图 2-9　"平移"对话框

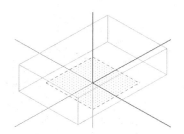

图 2-10　平移复制矩形

9）设置绘图面。在常用工具栏中单击 ▣·下拉三角箭头，单击 前视图 (WCS)，设置绘图面为前视图。单击状态栏上的 Z 轴按钮 Z0.0 ，系统提示 选取一点定义新的构图深度 ，捕捉图 2-11 所示端点以确定新的工作深度，状态栏上的 Z 轴按钮变为 Z95.25 ，结果如图 2-12 所示。

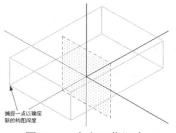

图 2-11　定义工作深度

图 2-12　新绘图面

友情提示

◇ 可选取前面任何一点以确定新的工作（构图）深度。
◇ 还可以直接输入工作（构图）深度后回车。

10）绘制前面圆弧。在常用工具栏中单击 ⊙· 按钮的下拉三角箭头，单击 ⚓ 两点画圆弧，出现两点画圆弧操作栏，如图 2-13 所示，按图示操作即可完成圆弧绘制。

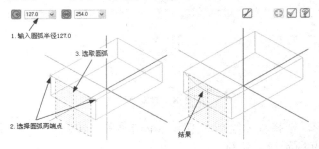

图 2-13 两点画圆弧 1

11）设置绘图面。单击状态栏上的 Z 轴按钮 Z 0.0，系统提示 选取一点定义新的构图深度，捕捉后面一端点以确定新的工作深度，状态栏上的 Z 轴按钮变为 Z-95.25，结果如图 2-14 所示。

12）绘制后面圆弧。用同样的方法通过两点绘制圆弧，结果如图 2-15 所示。

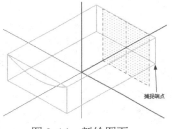

图 2-14 新绘图面

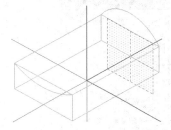

图 2-15 两点画圆弧 2

13）设置绘图面。在常用工具栏中单击 🔲· 下拉三角箭头，单击 🔲 R 右视图（WCS），设置绘图面为右视图。单击状态栏上的 Z 轴按钮 Z-95.25，系统提示 选取一点定义新的构图深度，捕捉图 2-16 所示端点以确定新的工作深度，状态栏上的 Z 轴按钮变为 Z 95.25，结果如图 2-17 所示。

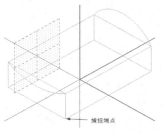

图 2-16 定义工作深度

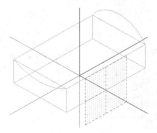

图 2-17 新绘图面

14）单体补正。在常用工具栏中单击"单体补正"按钮 ⊶，系统弹出"补正"对话框，如图 2-18 所示设置参数，选择图 2-19 所示直线，系统提示"指定补正方向"。

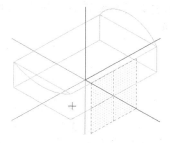

图 2-18　"补正"对话框　　　　　图 2-19　新绘图面

15）在所选直线的右侧单击以确定补正方向，单击"补正"对话框中的确定按钮 ✓，结果如图 2-20 所示。

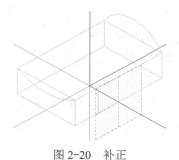

图 2-20　补正

操作技巧

◇　单击"补正"对话框中的"方向"按钮 ↔，可改变补正方向或两边同时补正。
◇　单击"补正"对话框中的"应用"按钮 ⊕，可保留对话框，继续下一个相同操作。

16）用同样的方法补正另外两条直线，结果如图 2-21 所示（尺寸用于检查图形正确与否，可隐藏或删除）。

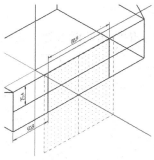

图 2-21　补正结果

17）修剪。单击常用工具栏上的"修剪"按钮 ✂，系统弹出修剪操作栏，如图 2-22 所示，单击"分割"按钮 ⊞（请注意"修剪"按钮 ✂ 是否激活）。

图 2-22　修剪操作栏

18）依次单击直线需要修剪的部分，如图 2-23 所示，单击修剪操作栏上的确定按钮，结果如图 2-24 所示。

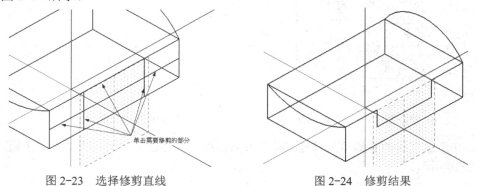

图 2-23　选择修剪直线　　　　　　　　图 2-24　修剪结果

19）倒圆角。单击常用工具栏上的"倒圆角"按钮，系统弹出倒圆角操作栏，如图 2-25 所示，设置圆角半径 9.52，并注意"修剪"按钮是否已激活。

图 2-25　"倒圆角"操作栏

20）如图 2-26 所示，选择两条直线，结果如图 2-27 所示。

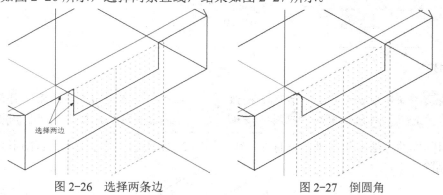

图 2-26　选择两条边　　　　　　　　图 2-27　倒圆角

21）用相同的方法选择其余需要倒圆角的两条边，结果如图 2-28 所示。

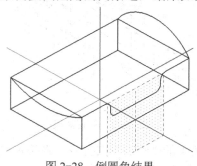

图 2-28　倒圆角结果

操作技巧

◇　在常用工具栏中单击　下拉三角箭头，单击"串连倒圆角"按钮 ，可对串连图素
一次倒完圆角。

22）设置绘图面。单击状态栏上的 Z 轴按钮 ，系统提示 选取一点定义新的构图深度 ，用鼠标捕捉图 2-29 所示端点以确定新的工作深度，状态栏上的 Z 轴按钮变为 Z-63.5 ，结果如图 2-29 所示。

23）两点画圆弧。在常用工具栏中单击 按钮的下拉三角箭头，单击 两点画圆弧，出现两点画圆弧操作栏，如图 2-30 所示，按图示操作即可完成圆弧绘制。

图 2-29　设置绘图面

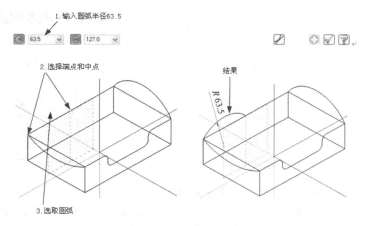

图 2-30　两点画圆弧

24）用同样的方法绘制半径 50.8mm 的圆弧，结果如图 2-31 所示。

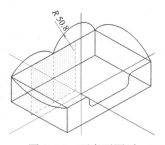

图 2-31　两点画圆弧

25）倒圆角。单击常用工具栏的"倒圆角"按钮，系统弹出倒圆角操作栏，如图 2-32 所示，设置圆角半径 38.1，并注意"修剪"按钮是否已激活。

图 2-32　倒圆角操作栏

26）如图 2-33 所示，选择两条圆弧，结果如图 2-34 所示。

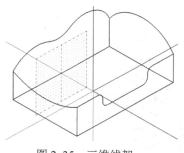

图 2-33　选择两圆弧

图 2-34　倒圆角

27）删除图素。删除多余图素，结果如图 2-35 所示。

28）绘制曲面。单击常用工具栏"网格曲面"按钮，系统弹出网格曲面操作栏和"串连选项"对话框，如图 2-36 所示。

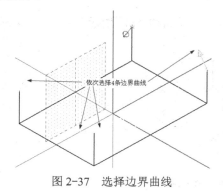

图 2-35　三维线架

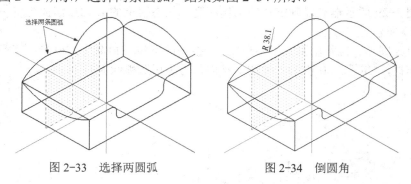

图 2-36　"串连选项"对话框

29）单击"串连选项"对话框中的串连按钮，依次选择 4 条边界曲线，如图 2-37 所示；单击"串连选项"对话框中的确定按钮，结果如图 2-38 所示，单击操作栏中的确定按钮结束操作。

图 2-37　选择边界曲线

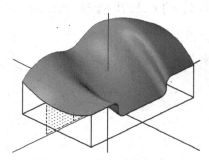

图 2-38　网格（昆氏）曲面

友情提示

◇ 网格曲面即昆氏曲面（Coons surface）。

操作技巧

◇ 可利用 "串连选项" 对话框中的串连按钮⊙⊙、单体按钮◢、部分串连按钮⊙⊙等选择不同的对象。

2. 选择机床

单击菜单 "机床类型" — "铣床" — "默认"，结果如图 2-39 所示。

图 2-39　选择机床

3. 指定绘图面、刀具面和设置工作深度

1）指定绘图面和刀具面。单击常用工具栏上的 "T 俯视图" 按钮 ，系统指定绘图面和刀具面为俯视图，屏幕显示**刀具/绘图面：俯视图** 。

2）设置工作深度。在状态栏上输入新的工作深度 0，回车，状态栏上的 Z 轴按钮变为 Z0.0 ，结果如图 2-40 所示。

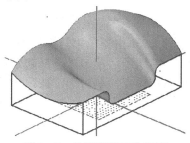

图 2-40　绘图面和工作深度

4. 指定工作坐标系

1）2D/3D。单击状态栏 2D 屏幕视角 平面 中的 "2D" 按钮，将其设置为 3D 屏幕视角 平面 状态。

2）图层设置。单击状态栏中 "层别" 按钮 层别 ，系统弹出 "层别管理" 对话框，如图 2-41 所示。将 "层别号码" 设为 10，单击 "层别管理" 对话框中的确定按钮 ，系统将图层 10 设置为工作图层。

图 2-41 "层别管理"对话框

3) 画边界盒。单击菜单"绘图"—"画边界盒",系统弹出"边界盒选项"对话框,如图 2-42 所示设置参数,单击确定按钮 ▭✓,结果如图 2-43 所示。

图 2-42 "边界盒选项"对话框

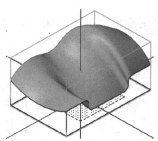

图 2-43 边界盒

4) 画辅助线。捕捉边界盒上表面两顶点画对角线,结果如图 2-44 所示。

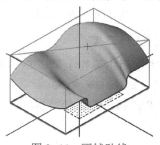

图 2-44 画辅助线

5) 指定工作坐标系(图素平移)。单击菜单"转换"—"平移",窗选全部图素,回车,系统弹出"平移"对话框,如图 2-45 所示,单击"选择起始点"按钮 ▭,捕捉辅助线中点,系统提示"选取平移终点",捕捉系统原点,单击确定按钮 ▭✓,结果如图 2-46 所示。

图 2-45 "平移"对话框

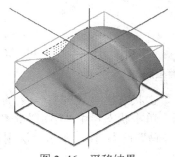

图 2-46 平移结果

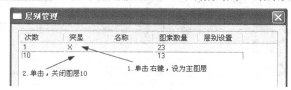

友情提示

◇　此处通过边界盒来确定坐标原点的位置。
◇　工作坐标系原点设置在毛坯上表面中心。
◇　毛坯上表面最小余量为2mm。

6）关闭图层10。单击状态栏中的"层别"按钮 层别 ，系统弹出"层别管理"对话框，如图 2-47 所示，将图层 1 设为主图层（即当前图层或工作图层），将图层 10 关闭，即关闭边界盒所在图层。

7）关闭网格。单击菜单"屏幕"—"网格设置"，系统弹出"网格参数"对话框，如图 2-48 所示，去掉勾选 □显于网格 ，单击确定按钮 ，网格关闭，结果如图 2-49 所示。

图 2-47　"层别管理"对话框

图 2-48　"网格参数"对话框

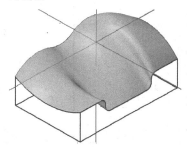

图 2-49　关闭边界盒和网格

5. 材料设置

1）单击图 2-50 所示"操作管理"对话框中的 材料设置，系统弹出"机器群组属性"对话框，如图 2-51 所示。

图 2-50　"操作管理"对话框

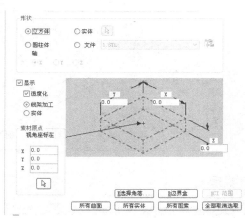

图 2-51　"机器群组属性"对话框

2）单击"边界盒"按钮 <u>B边界盒</u>，系统弹出"边界盒选项"对话框，如图 2-52 所示设置。

友情提示

◇ 此处以边界盒创建材料，即毛坯。

3）单击"边界盒选项"对话框中的确定按钮 ✓，系统返回"机器群组属性"对话框，如图 2-53 所示设置。

友情提示

◇ 素材原点（0，0，0），毛坯上表面中心就是工作坐标系原点。
◇ 毛坯上表面最小余量为 2mm，下表面余量为 0。

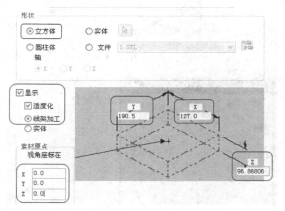

图 2-52 "边界盒选项"对话框   图 2-53 "机器群组属性"对话框

4）单击"机器群组属性"对话框中的确定按钮 ✓，结果如图 2-54 所示。

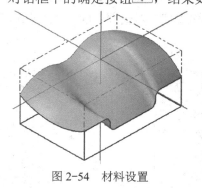

图 2-54 材料设置

友情提示

◇ 图 2-54 中双点画线代表毛坯材料。

6. 曲面粗加工——平行铣削加工

1）选择平行铣削。单击"刀具路径"—"曲面粗加工"—"粗加工平行铣削加工"，系统弹出"全新的 3D 高级刀具路径优化功能"对话框，单击确定按钮，系统弹出"选取工件的形状"对话框，按图 2-55 所示设置，单击确定按钮，系统弹出"输入新 NC 名称"对话框，如图 2-56 所示，单击确定按钮。

图 2-55　"选取工件的形状"对话框

图 2-56　"输入新 NC 名称"对话框

2）选择加工曲面。系统提示"选择加工曲面"，单击刚才创建的昆氏曲面，回车，系统弹出"刀具路径的曲面选取"对话框，如图 2-57 所示。

图 2-57　"刀具路径的曲面选取"对话框

3）单击确定按钮，系统弹出"曲面粗加工平行铣削"对话框，如图 2-58 所示。

图 2-58　"曲面粗加工平行铣削"对话框

4）刀库选刀。单击"选择库中的刀具"按钮，系统弹出"选择刀具"对话框，如图 2-59 所示。

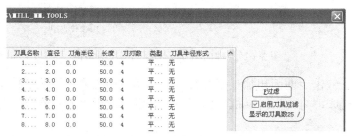

图 2-59　"选择刀具"对话框

5）单击"过滤"按钮，系统弹出"刀具过滤设置"对话框，按图 2-60 所示设置，单击确定按钮。

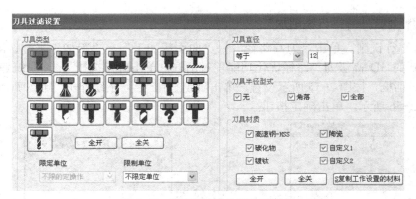

图 2-60 "刀具过滤设置"对话框

◇ 曲面粗加工通常选择平底刀或刀角半径较小的圆鼻刀，曲面精加工通常选择球刀。

6）系统返回"选择刀具"对话框，并推荐符合条件的 221 号刀具，如图 2-61 所示。

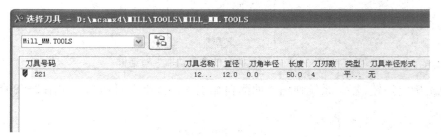

图 2-61 "选择刀具"对话框

7）选择刀具（单击 221 号刀具图标），单击确定按钮 ，系统返回"曲面粗加工平行铣削"对话框，如图 2-62 所示。

图 2-62 "曲面粗加工平行铣削"对话框

8）定义刀具。双击"曲面粗加工平行铣削"对话框中刀具号码为 221 的刀具图标，系统弹出"定义刀具-机床群组-1"对话框，如图 2-63a 所示，设"刀具号码"为 2、"刀座号码"为-2。

9）刀具参数设置。单击"定义刀具-机床群组最小 1"对话框中的"参数"选项卡，如图 2-63b 所示，单击"计算转速/进给"按钮，系统自动计算转速和进给率，然后设置"下刀速率"为 200.0、"提刀速率"为 2000.0。

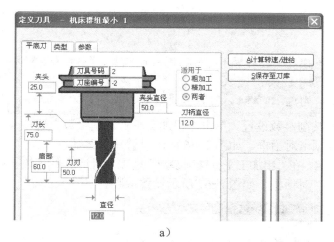

a）

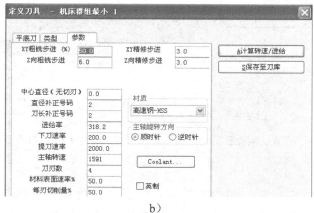

b）

图 2-63　"定义刀具-机床群组最小 1"对话框

a)"平底刀"选项卡　b)"参数"选项卡

10）单击"定义刀具-机床群组最小 1"对话框中的确定按钮，系统返回"曲面粗加工平行铣削"对话框，如图 2-64 所示，系统自动加载切削参数和刀具补正号。

11）曲面加工参数设置。单击"曲面加工参数"选项卡，系统弹出"曲面加工参数"选项卡对话框，如图 2-65 所示设置加工参数。

图 2-64　"曲面粗加工平行铣削"对话框

图 2-65　设置加工参数

友情提示

✧ 在保证安全（不撞刀）的前提下，为提高生产效率，"参考高度"和"进给下刀位置"尽量取小。

✧ 在实体验证时，勾选 ☑ 碰撞停止 ，可检查是否撞刀。

12）粗加工平行铣削参数设置。单击"粗加工平行铣削参数"选项卡，系统弹出"粗加工平行铣削参数"选项卡对话框，如图2-66所示设置铣削参数。

13）切削深度设定。在"粗加工平行铣削参数"选项卡对话框中单击 切削深度 按钮，系统弹出"切削深度的设定"对话框，如图2-67所示设置参数。

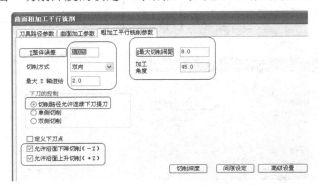
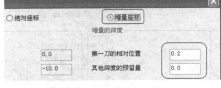

图 2-66　设置铣削参数　　　　图 2-67　"切削深度的设定"对话框

友情提示

✧ 第一刀的相对位置：用于确定第一层的切削位置，以避免空刀或切削深度过大、过小。

✧ 其他深度的预留量：用于确定最后一层的切削位置。

14）高级设置。单击确定按钮 ☑ ，系统返回"粗加工平行铣削参数"选项卡对话框，单击 高级设置 按钮，系统弹出"高级设置"对话框，如图2-68所示设置。

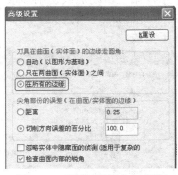

图 2-68　"高级设置"对话框

15）完成操作创建。单击确定按钮 ☑ ，系统返回"粗加工平行铣削参数"选项卡对话框，再单击确定按钮 ☑ ，完成曲面粗加工平行铣削创建，如图2-69所示，产生的粗加工刀具路径如图2-70所示。

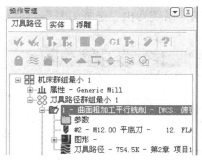 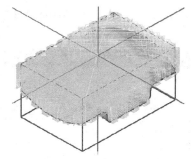

图 2-69　完成曲面粗加工平行铣削创建　　　图 2-70　粗加工刀具路径

16）实体验证。单击"操作管理"对话框中"实体加工验证"按钮●，系统弹出"验证"对话框，单击▶按钮，模拟结果如图 2-71 所示。

17）保存材料为文件。在"验证"对话框中单击"保存材料为文件"按钮，系统弹出"另存为"对话框，如图 2-72 所示。将实体加工验证后的材料保存为文件"粗加工"，以备后续操作使用，单击保存按钮，完成材料保存，系统返回"验证"对话框，单击确定按钮，结束实体验证。

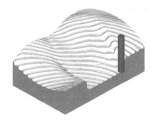 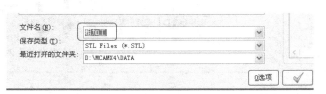

图 2-71　实体加工验证效果　　　　　　　图 2-72　"另存为"对话框

7. 曲面精加工——平行铣削加工

1）选择平行铣削。单击"刀具路径"—"曲面精加工"—"精加工平行铣削"，系统弹出"全新的 3D 高级刀具路径优化功能"对话框，单击确定按钮。

2）选择加工曲面。系统提示"选择加工曲面"，单击创建的昆氏曲面，回车，系统弹出"刀具路径的曲面选取"对话框，如图 2-73 所示。

3）单击确定按钮，系统弹出"曲面精加工平行铣削"对话框，如图 2-74 所示。

图 2-73　"刀具路径的曲面选取"对话框　　　图 2-74　"曲面精加工平行铣削"对话框

4）刀库选刀。单击"选择库中的刀具"按钮，系统弹出"选择刀具"对话框，如图 2-75 所示。

图 2-75 "选择刀具"对话框

5）单击"过滤"按钮 ，系统弹出"刀具过滤设置"对话框，按图 2-76 所示设置，单击确定按钮 。

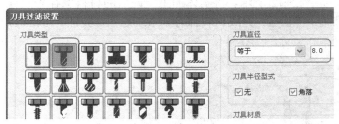

图 2-76 "刀具过滤设置"对话框

友情提示

◇ 粗加工选较大直径刀具，精加工选较小直径刀具。

6）系统返回"选择刀具"对话框，并推荐符合条件的 242 号刀具，如图 2-77 所示。

图 2-77 "选择刀具"对话框

7）选择刀具（单击 242 号刀具图标），单击确定按钮 ，系统返回"曲面精加工平行铣削"对话框，如图 2-78 所示。

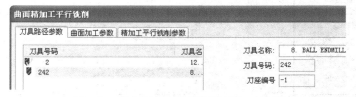

图 2-78 "曲面精加工平行铣削"对话框

8）定义刀具。双击"曲面精加工平行铣削"对话框中刀具号码为 242 的刀具图标，系统弹出"定义刀具-机床群组最小 1"对话框，如图 2-79a 所示，设"刀具号码"为 3、"刀座编号"为-3。

9）刀具参数设置。单击"定义刀具-机床群组最小 1"对话框中的"参数"选项卡，如图 2-79b 所示，单击"计算转速/进给"按钮，系统自动计算转速和进给率，然后设置"下刀速率"为 200、"提刀速率"为 2000。

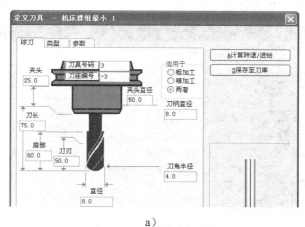

a）

b）

图 2-79　"定义刀具-机床群组最小 1"对话框

a）"球刀"选项卡　b）"参数"选项卡

10）单击"定义刀具-机床群组最小 1"对话框中的确定按钮，系统返回"曲面精加工平行铣削"对话框，如图 2-80 所示，系统自动加载切削参数和刀具补正号。

图 2-80　"曲面精加工平行铣削"对话框

操作技巧

◇ 选择刀具，单击键盘 Delete 键可删除不需要的刀具。

11）曲面加工参数设置。单击"曲面加工参数"选项卡，系统弹出"曲面加工参数"选项卡对话框，按图 2-81 所示设置加工参数。

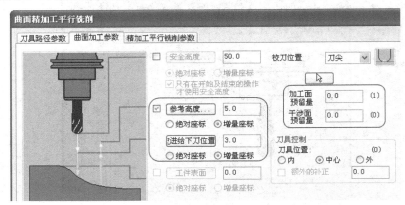

图 2-81 设置加工参数

12）精加工平行铣削参数设置。单击"粗加工平行铣削参数"选项卡，系统弹出"精加工平行铣削参数"选项卡对话框，按图 2-82 所示设置铣削参数。

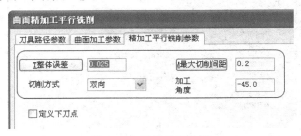

图 2-82 设置铣削参数

友情提示

◇ 精加工时根据零件尺寸精度设置整体误差（一般约取尺寸公差的 1/3），而粗加工时可取大些。
◇ 精加工时根据零件表面粗糙度设置最大切削间距，而粗加工时可取刀具直径的 1/2～3/4。
◇ 加工角度设置为-45°，目的是使精加工刀具路径与粗加工刀具路径交叉，提高加工质量。

13）完成操作创建。单击确定按钮 ☑ ，完成曲面精加工平行铣削创建，如图 2-83 所示，产生的精加工刀具路径如图 2-84 所示。

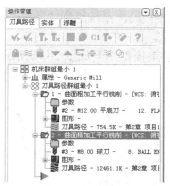

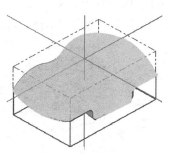

图 2-83　完成曲面精加工平行铣削创建　　　　图 2-84　精加工刀具路径

14）实体验证。在"操作管理"对话框中选择操作"曲面精加工平行铣削",如图 2-83 所示,单击"操作管理"对话框中实体加工验证按钮，系统弹出"验证"对话框,如图 2-85 所示。

15）单击"验证"对话框的选项按钮，系统弹出"验证选项"对话框,如图 2-86 所示,材料"形状"选择 ⊙文件。

图 2-85　"验证"对话框　　　　　图 2-86　"验证选项"对话框

16）单击"验证选项"对话框中"材料文件"按钮，系统弹出"打开"对话框,如图 2-87 所示。选择"粗加工"材料文件,单击打开按钮。

图 2-87　"打开"对话框

17）系统返回"验证选项"对话框，单击确定按钮 ✓，系统返回"验证"对话框，屏幕显示粗加工后的材料，如图 2-88 所示。

18）单击"验证"对话框中的机床按钮 ▶，精加工模拟结果如图 2-89 所示。

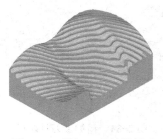
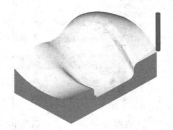

图 2-88　粗加工后的材料　　　　　图 2-89　精加工模拟结果

8. 后处理

1）在"操作管理"对话框中单击选择所有的操作按钮 ✓，选择所有操作，单击"操作管理"对话框中的后处理按钮 **G1**，弹出"后处理程式"对话框，如图 2-90 所示。

图 2-90　"后处理程式"对话框

2）勾选"NC 文件"选项及其下的"编辑"复选框，然后单击确定按钮 ✓，弹出"另存为"对话框，选择合适的目录后，单击确定按钮 ✓，打开"MastercamX 编辑器"对话框，得到所需的 NC 代码，如图 2-91 所示。

图 2-91　NC 代码

3）关闭"MastercamX 编辑器"对话框，保存 Mastercam 文件，退出系统。

2.2 实例 2—— 烟灰缸加工

2.2.1　零件介绍

烟灰缸如图 2-92 所示，先画实体，再倒圆角、抽壳。

图 2-92　烟灰缸

2.2.2　工艺分析

1. 零件形状和尺寸分析

该烟灰缸是具有拔模角度的凹腔型薄壁零件，长、宽约 119mm，高 35mm，壁厚 2mm，槽半径 4mm，圆角半径 5mm，外壁拔模角度 15°，内壁拔模角度 10°。

2. 毛坯尺寸

除底面外，其余表面均需要加工。

零件形状近似长方形，故选择长方体形状毛坯较为合适。

由于曲面部分余量不均匀，需进行粗加工和精加工，粗铣余量一般为 1~2.5mm，精铣余量一般为 0.25~0.3mm，故毛坯确定为长、宽 120mm，高 37mm 的长方体。

3. 工件装夹

采用磁力或负压夹紧，也可增加工艺凸台，一次装夹可完成全部表面的加工。

4. 加工方案

1）备料：毛坯 120mm×120mm×37mm。

2）曲面粗加工：曲面粗加工挖槽，留余量 0.25mm。

3）曲面精加工：曲面精加工环绕等距加工。

2.2.3　相关知识

1. 实体

1）基本实体：圆柱体、圆锥体、长方体、球体、圆环体。

2）复杂实体：挤出实体、旋转实体、扫描实体、举升实体。

3）实体编辑：倒圆角、倒角、实体抽壳、实体修剪、薄片实体加厚、移除实体表面、牵引实体、布尔运算、实体管理器。

2. 曲面

1）基本曲面：圆柱体、圆锥体、长方体、球体、圆环体。

2）复杂曲面：挤出曲面、旋转曲面、扫描曲面、举升曲面、网格曲面、牵引曲面、围篱曲面、平面修剪。

3）曲面编辑：曲面倒圆角、曲面修剪、修整延伸曲面到边界、曲面延伸、填补内孔、恢复曲面边界、分割曲面、恢复修剪曲面、曲面熔接。

3. 实体曲面转换

1）利用"绘图"—"曲面"—"由实体生成曲面"菜单命令，可以很方便地将实体模型转换为曲面模型，或在实体的一个或几个面上生成曲面。

2）利用"实体"—"由曲面生成实体"可以很方便地将曲面模型转换为实体模型。正常情况下，封闭的曲面模型将得到一个封闭的实体，据此可以快捷地检查曲面模型是否存在问题。开放的曲面模型将得到开放的薄片实体（厚度为 0 的实体）。

3）利用"实体"—"薄片实体加厚"菜单命令可将厚度为 0 的薄片实体加厚为具有一定厚度的实体。

2.2.4 操作创建

1. 绘制三维图形

1）启动 Mastercam。启动 Mastercam X6，按 F9 键，显示坐标系，单击"屏幕视角"工具栏上的"I 等视图"按钮 ⊕，屏幕显示如图 2-93 所示。

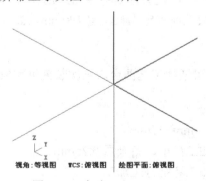

视角:等视图　　WCS:俯视图　　绘图平面:俯视图

图 2-93　启动 Mastercam X6

2）网格设置。单击菜单"屏幕"—"网格设置"，系统弹出"网格参数"对话框，按图 2-94 所示设置参数。

3）显示网格。单击"网格参数"对话框中的确定按钮 ，系统显示网格，以代表当前的绘图平面，结果如图 2-95 所示。

图 2-94　"网格参数"对话框

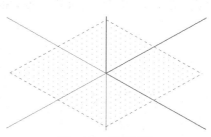

图 2-95　显示网格

4）2D 绘图。单击状态栏上的"3D"按钮 3D ┃ 屏幕视角 ┃ 平面 ，将其设为"2D"状态 2D ┃ 屏幕视角 ┃ 平面 。

5）画圆角矩形。在"草图"工具栏中单击"矩形"按钮 ┃ · 右侧的下拉三角箭头，单击 ┃ 矩形形状设置 ，系统弹出"矩形选项"对话框，按图 2-96 所示设置参数，系统提示"选取基准点位置"，在屏幕上选择原点作为基准点位置，如图 2-97 所示。

图 2-96　"矩形选项"对话框

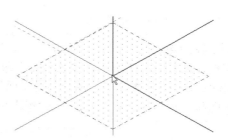

图 2-97　选取基准点位置

6）单击"矩形选项"对话框中的确定按钮 ┃ ，结果如图 2-98 所示（尺寸系检查用，可不注，下同）。

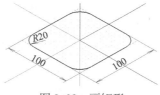

图 2-98　画矩形

7）矩形补正。单击菜单 X 转换 —— C 串连补正 ，系统弹出"串连选项"对话框，如图 2-99 所示，单击串连按钮 ，选择刚才绘制的圆角矩形，回车。

8）系统弹出"串连补正"对话框，按图 2-100 所示设置参数，单击方向按钮 切换补正方向（向内补正），单击"串连补正"对话框中的确定按钮 ，结果如图 2-101 所示。

图 2-99 "串连选项"对话框   图 2-100 "串连补正"对话框

9）设置绘图面。在"绘图面和刀具面"工具栏中单击 下拉三角箭头，单击 F 前视图（WCS），设置绘图面为前视图，结果如图 2-102 所示。

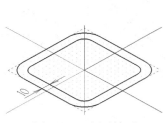

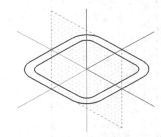

图 2-101 矩形补正   图 2-102 设置绘图面为前视图

10）绘制半径为 4mm 的圆。在"草图"工具栏中单击"圆心+点"按钮 ，出现圆心、半径画圆操作栏，如图 2-103 所示，按图示操作即可完成圆的绘制。

11）绘制烟灰缸主体。单击"绘图面和刀具面"工具栏上的"T 俯视图"按钮 I（俯视图（WCS），系统指定绘图面和刀具面为 XY 平面，结果如图 2-104 所示。

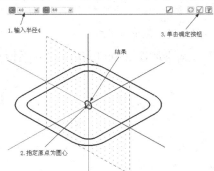

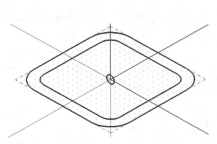

图 2-103 绘制半径为 4mm 的圆   图 2-104 设置绘图面为俯视图

12）挤出实体。选择 Ⅴ实体 —— 挤出实体 命令，系统弹出"串连选项"对话框，如图 2-105 所示。单击"串连选项"对话框中的串连按钮，选择外面的圆角矩形，如图 2-106 所示，单击"串连选项"对话框中的确定按钮。

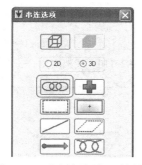

图 2-105 "串连选项"对话框

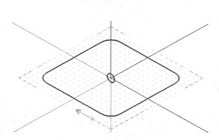

图 2-106 选择圆角矩形

13）实体挤出方向如图 2-107 所示，系统弹出"实体挤出的设置"对话框，按图 2-108 所示设置参数。

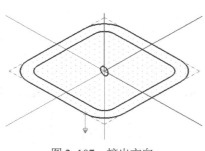

图 2-107 挤出方向

图 2-108 设置挤出参数

操作技巧

◇ 若挤出方向不对，可在"实体挤出的设置"对话框中勾选 更改方向。
◇ 可以在挤出实体的同时创建拔模角，也可以利用 牵引实体 命令增加拔模角。
◇ 实体编辑必须在"实体管理器"中进行，参数修改后需单击 全部重建 按钮更新实体。
◇ 实体编辑不允许使用"撤销" 命令，因实体操作不能被撤销，只会将线架构撤销，致使实体不能更新。

14）单击"实体挤出的设置"对话框中的确定按钮，结果如图 2-109 所示。

15）切割实体。单击"着色"工具栏中的"线架实体"按钮，系统以线架显示实体，如图 2-110 所示。

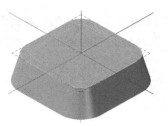

图 2-109 挤出实体

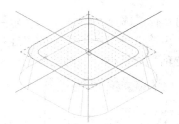

图 2-110 线架实体

友情提示

◇ 线架显示实体的目的是便于观察串连图形。

16）选择 [S 实体] —— [1 X 挤出实体] 命令，系统弹出"串连选项"对话框，如图 2-111 所示。单击"串连选项"对话框中的串连按钮 ，选择里面的圆角矩形，如图 2-112 所示，单击"串连选项"对话框中的确定按钮 。

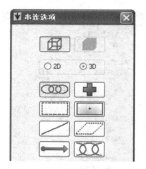

图 2-111 "串连选项"对话框

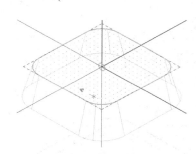

图 2-112 选择圆角矩形

17）实体挤出方向如图 2-113 所示，系统弹出"实体挤出的设置"对话框，按图 2-114 所示设置参数。

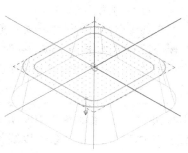

图 2-113 挤出方向

图 2-114 "实体挤出的设置"对话框

18）单击"实体挤出的设置"对话框中的确定按钮☑，结果如图 2-115 所示，单击"着色"工具栏中的"图形着色"按钮●，系统着色显示烟灰缸主体，如图 2-116 所示。

19）绘制搁烟槽。选择 ⅋ 实体 —— ⬆ ⅃ 挤出实体 命令，系统弹出"串连选项"对话框，如图 2-117 所示。单击"串连选项"对话框中的串连按钮⊙⊙⊙，选择半径为 4mm 的圆，如图 2-118 所示，单击"串连选项"对话框中的确定按钮☑。

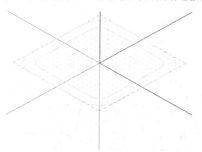

图 2-115　挤出切割

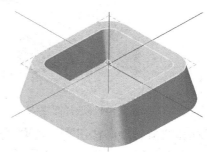

图 2-116　烟灰缸主体

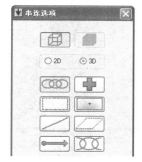

图 2-117　"串连选项"对话框

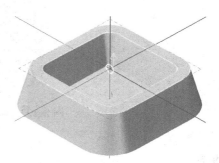

图 2-118　选择半径为 4mm 的圆

20）系统弹出"实体挤出的设置"对话框，按图 2-119 所示设置参数。

21）单击"实体挤出的设置"对话框中的确定按钮☑，结果如图 2-120 所示。

图 2-119　"实体挤出的设置"对话框

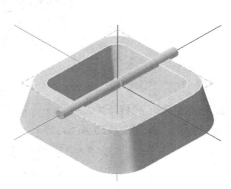

图 2-120　实体挤出（圆柱体）

22）旋转复制实体。选择 X 转换 — B R 旋转 命令，选择图 2-121 所示圆柱体，回车，系统弹出"旋转"对话框，按图 2-122 所示设置参数。

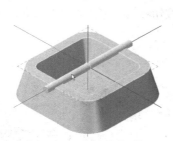

图 2-121 选择圆柱体   图 2-122 "旋转"对话框

23）单击定义旋转中心按钮，选取原点（单击"原点"按钮即可，不选亦可，系统默认为原点）作为旋转中心点，单击"旋转"对话框中的确定按钮，结果如图 2-123 所示。

图 2-123 旋转复制结果

友情提示

✧ 因旋转平面为水平面，故当前绘图面必须设置为俯视图。

24）布尔运算。选择 Z 实体 — Y 布尔运算-切割 命令，依次选择烟灰缸主体和两个圆柱体，回车，结果如图 2-124 所示。

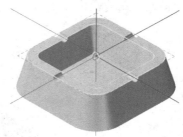

图 2-124 "布尔运算—切割"结果

25）实体倒圆角。选择 Z 实体 — 倒圆角 — Z 实体倒圆角 命令，在"标准选择"工具栏中仅激活"实体面"按钮，如图 2-125 所示。

实体边 实体面 实体主体

图 2-125 "标准选择"工具栏

26）依次选择上面 8 个面和底面，如图 2-126 所示，回车。

27）系统弹出"实体倒圆角参数"对话框，按图 2-127 所示设置参数。

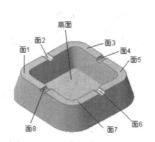

图 2-126　选择倒圆角的面　　　　图 2-127　"实体倒圆角参数"对话框

28）单击"实体倒圆角参数"对话框中的确定按钮 ，结果如图 2-128 所示。

29）抽壳。按住中键移动鼠标以旋转实体，使烟灰缸底部可见，如图 2-129 所示。

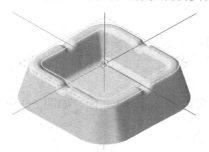

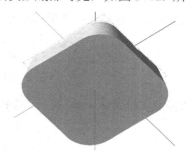

图 2-128　实体倒圆角　　　　　　图 2-129　旋转实体

30）选择 S 实体 — 实体抽壳 命令，在"标准选择"工具栏中仅激活"实体面"按钮 ，如图 2-130 所示。

31）选择底面，如图 2-131 所示，回车。

32）系统弹出"实体薄壳"对话框，按图 2-132 所示设置参数。

实体边　实体面　实体主体

图 2-130　"标准选择"工具栏

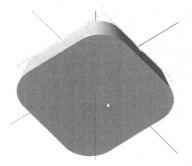

图 2-131　选择底面　　　　　　图 2-132　"实体薄壳"对话框

33）单击"实体薄壳"对话框中的确定按钮 ，完成烟灰缸实体模型的创建，结果如图 2-133 所示；实体编辑可在图 2-134 所示的"操作管理"对话框的"实体"选项卡中进行。

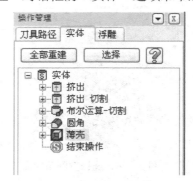

图 2-133　烟灰缸实体模型　　　　图 2-134　"操作管理"对话框的"实体"选项卡

34）由实体生成曲面。选择 C 绘图 — V 曲面 — 由实体生成曲面 命令，在"标准选择"工具栏中仅激活"实体主体"按钮 ，如图 2-135 所示。

图 2-135　"标准选择"工具栏

35）选择烟灰缸实体，连续三次回车，即可在实体表面创建曲面，如图 2-136 所示。

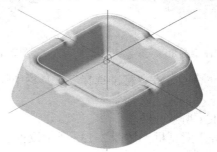

图 2-136　创建曲面

友情提示

◇　由于曲面与实体表面重叠，故外表看不出变化，可通过菜单"屏幕"—"屏幕统计"查看曲面的数量。

36）修改曲面图层。由于所有图素均在同一图层（图层 1），不便于图素的操作和管理，将曲面置于图层 10，并将图层 1 关闭，具体操作过程如图 2-137 所示。

1. 单击"标准选择"工具栏"全部"按钮

图 2-137　修改图层

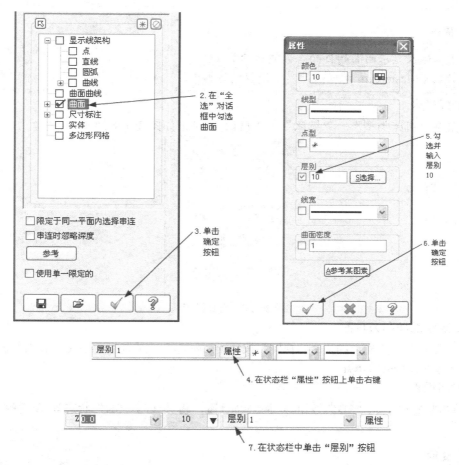

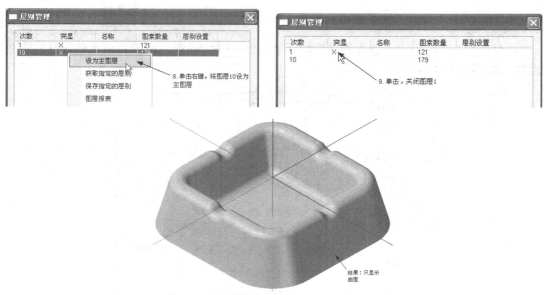

图 2-137　修改图层（续）

2. 选择机床

单击菜单"机床类型"—"铣床"—"默认"，结果如图 2-138 所示。

图 2-138 选择机床

3. 指定绘图面和刀具面

单击"平面"工具栏上的"T 俯视图"按钮 I 俯视图 (WCS)，系统指定绘图面和刀具面为俯视图，屏幕显示 刀具/绘图面：俯视图 。

4. 材料设置

1）单击状态栏上的"2D"按钮 2D 屏幕视角 平面，将其设为"3D"状态 3D 屏幕视角 平面 。

2）单击图 2-138 所示"操作管理"对话框中的 ◇ 材料设置，系统弹出"机器群组属性"对话框，如图 2-139 所示。

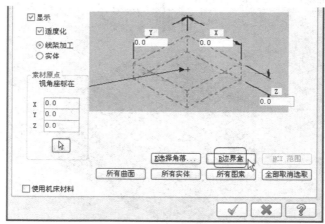

图 2-139 "机器群组属性"对话框

3）单击"边界盒"按钮 B边界盒 ，系统弹出"边界盒选项"对话框，按图2-140所示设置。

4）单击"边界盒选项"对话框中的确定按钮 √ ，系统返回"机器群组属性"对话框，系统自动生成最小尺寸毛坯，如图2-141所示。

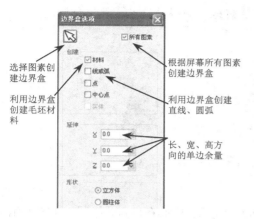

选择图素创建边界盒

利用边界盒创建毛坯材料

根据屏幕所有图素创建边界盒

利用边界盒创建直线、圆弧

长、宽、高方向的单边余量

图2-140 "边界盒选项"对话框

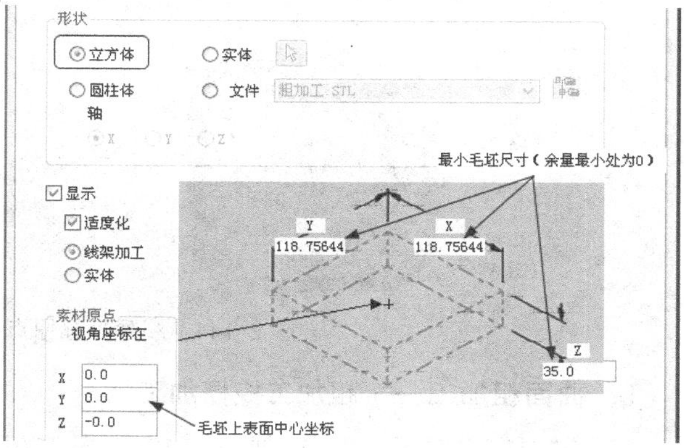

最小毛坯尺寸（余量最小处为0）

毛坯上表面中心坐标

图2-141 "机器群组属性"对话框

5）修改材料设置。修改毛坯尺寸保持毛坯合理余量，修改素材原点与坐标系原点匹配，结果如图2-142所示。

友情提示

◇ 毛坯尺寸：120mm×120mm×37mm。

◇ 毛坯四周余量均布，上表面余量2mm，下表面余量0。

6）单击"机器群组属性"对话框中的确定按钮 √ ，结果如图2-143所示。

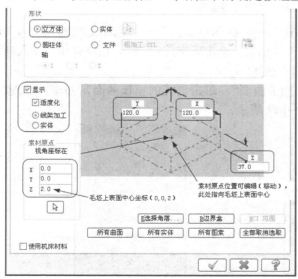

毛坯上表面中心坐标（0,0,2）

素材原点位置可编辑（移动），此处指向毛坯上表面中心

图2-142 修改材料设置

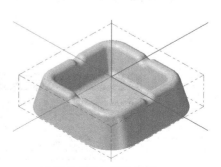

图2-143 材料设置

操作技巧

✧ 可通过改变屏幕视角观察坐标系原点（即加工坐标系原点）位置和毛坯余量（双点画线代表毛坯材料），如图 2-144 所示。

✧ 修改"素材原点"，观察余量分布的变化，可更好地理解材料设置参数的含义。

图 2-144　观察坐标原点位置和毛坯余量

5. 曲面粗加工—— 粗加工挖槽加工

1）绘制切削范围边界。绘制一个 120mm×120mm 的矩形，中心在原点，如图 2-145 所示。

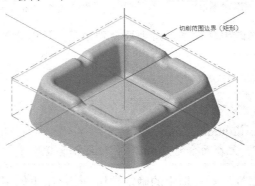

图 2-145　切削范围边界

2）粗加工挖槽加工。单击"刀具路径"—"曲面粗加工"—"粗加工挖槽加工"，系统弹出"全新的 3D 高级刀具路径优化功能"对话框，单击确定按钮 ✓，系统弹出"输入新 NC 名称"对话框，如图 2-146 所示，单击确定按钮 ✓。

3）选择加工曲面。系统提示"选择加工曲面"，单击创建的昆氏曲面，回车，系统弹出"刀具路径的曲面选取"对话框，如图 2-147 所示。

图 2-146　"输入新 NC 名称"对话框　　　　图 2-147　"刀具路径的曲面选取"对话框

4）选择边界范围。单击选择边界范围按钮 ，系统弹出"串连选项"对话框，如图 2-148 所示，单击串连按钮 ，选择刚才绘制的矩形切削范围边界，如图 2-149 所示，单击"串连选项"对话框中的确定按钮 。

图 2-148 "串连选项"对话框

图 2-149 选择切削范围边界

5）系统返回"刀具路径的曲面选取"对话框，如图 2-150 所示，单击确定按钮 。

6）系统弹出"曲面粗加工挖槽"对话框，如图 2-151 所示。

图 2-150 "刀具路径的曲面选取"对话框

图 2-151 "曲面粗加工挖槽"对话框

7）刀库选刀。单击"选择库中的刀具"按钮，系统弹出"选择刀具"对话框，如图 2-152 所示。

图 2-152 "选择刀具"对话框

8）单击"过滤"按钮 ，系统弹出"刀具过滤设置"对话框，按图 2-153 所示设置，单击确定按钮 。

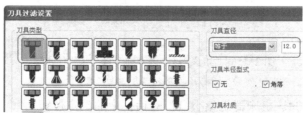

图 2-153 "刀具过滤设置"对话框

9）系统返回"选择刀具"对话框，并推荐符合条件的 221 号刀具，如图 2-154 所示。

图 2-154 "选择刀具"对话框

10）选择刀具（单击 221 号刀具图标），单击确定按钮 ✓ ，系统返回"曲面粗加工挖槽"对话框，如图 2-155 所示。

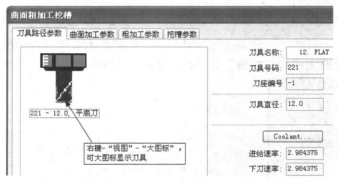

图 2-155 "曲面粗加工挖槽"对话框

11）定义刀具。双击"曲面粗加工挖槽"对话框中刀具号码为 221 的刀具图标，系统弹出"定义刀具-机床群组最小 1"对话框，如图 2-156a 所示，设"刀具号码"为2、"刀座编号"为-2。

12）刀具参数设置。单击"定义刀具-机床群组最小 1"对话框中的"参数"选项卡，如图 2-156b 所示，单击"计算转速/进给"按钮，系统自动计算转速和进给率，然后设置"下刀速率"为 200.0、"提刀速率"为 2000.0。

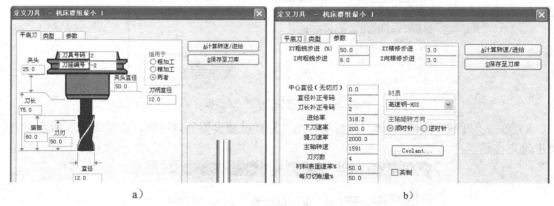

a)   b)

图 2-156 "定义刀具-机床群组最小 1"对话框
a)"平底刀"选项卡 b)"参数"选项卡

13）单击"定义刀具-机床群组最小 1"对话框中的确定按钮 ✓ ，系统返回"曲面粗加工挖槽"对话框，如图 2-157 所示，系统自动加载切削参数和刀具补正号。

14）曲面加工参数设置。单击"曲面加工参数"选项卡，系统弹出"曲面加工参数"选项卡对话框，按图 2-158 所示设置加工参数。

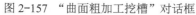
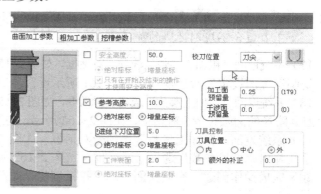

图 2-157　"曲面粗加工挖槽"对话框　　　　图 2-158　设置加工参数

友情提示

◆　"刀具位置"勾选 ⊙外。

15）粗加工参数设置。单击"粗加工参数"选项卡，系统弹出"粗加工参数"选项卡对话框，按图 2-159 所示设置粗加工参数。

图 2-159　设置粗加工参数

16）勾选☑ 螺旋式下刀，并单击 螺旋式下刀 按钮，系统弹出"螺旋/斜插式下刀参数"对话框，按图 2-160 所示设置参数，单击确定按钮 ✓ 。

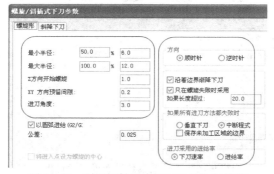

图 2-160　"螺旋/斜插式下刀参数"对话框

友情 提示

❖ 螺旋下刀适合圆形或方形区域的加工；斜插下刀适合狭长区域的加工；沿着边界渐降下刀适合不规则区域的加工。

17）系统返回"粗加工参数"选项卡对话框，如图 2-159 所示，单击 切削深度 按钮，系统弹出"切削深度的设定"对话框，按图 2-161 所示设置参数，单击确定按钮 ✓ 。

18）系统返回"粗加工参数"选项卡对话框，如图 2-159 所示，单击 间隙设定 按钮，系统弹出"刀具路径的间隙设置"对话框，如图 2-162 所示，勾选 ☑切削顺序最佳化 ，单击确定按钮 ✓ 。

19）系统返回"粗加工参数"选项卡对话框，如图 2-159 所示，单击"挖槽参数"选项卡，系统弹出"挖槽参数"选项卡对话框，按图 2-163 所示设置参数，单击确定按钮 ✓ 。

20）完成操作创建。完成曲面粗加工挖槽创建，如图 2-164 所示，产生的粗加工刀具路径如图 2-165 所示。

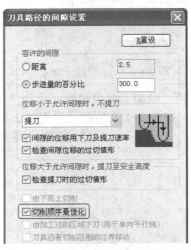

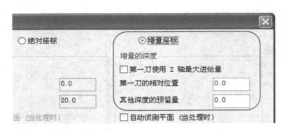

图 2-161 "切削深度的设定"对话框   图 2-162 "刀具路径的间隙设置"对话框

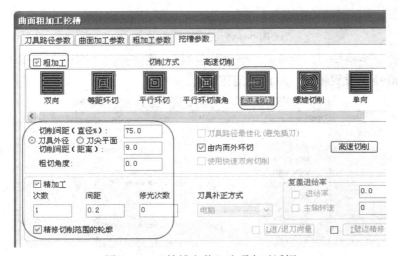

图 2-163 "挖槽参数"选项卡对话框

图 2-164 完成曲面粗加工挖槽创建 　　图 2-165 粗加工挖槽刀具路径

21）实体验证。单击"操作管理"对话框中的实体加工验证按钮，系统弹出"验证"对话框，单击 ▶ 按钮，模拟结果如图 2-166 所示。

22）保存材料为文件。在"验证"对话框中单击"保存材料为文件"按钮，系统弹出"另存为"对话框，如图 2-167 所示。将实体加工验证后的材料保存为"粗加工"，以备后续操作使用，单击保存按钮，完成材料保存，系统返回"验证"对话框，单击确定按钮，结束实体验证。

图 2-166 实体加工验证效果 　　　　图 2-167 "另存为"对话框

6. 底面精加工

1）复制操作。在"操作管理"对话框中选择操作"曲面粗加工挖槽"，如图 2-168 所示，单击右键，选择"复制"，再单击右键，选择"粘贴"，结果如图 2-169 所示。

2）编辑操作。在"操作管理"对话框中单击"参数"按钮，如图 2-169 所示，系统弹出"曲面粗加工挖槽"对话框，如图 2-170 所示。

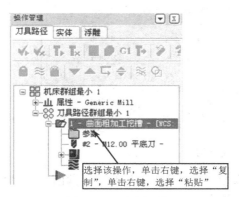

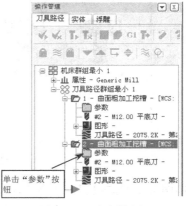

图 2-168 复制操作 　　　　　　　 图 2-169 复制结果

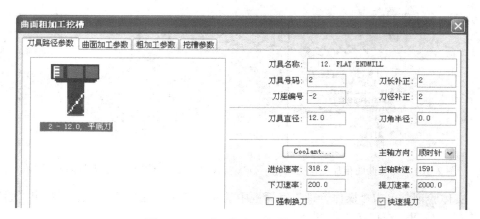

图 2-170 "曲面粗加工挖槽"对话框

3）重选刀具。选择刀库中刀具号码为 127 的圆鼻刀（"刀角半径"为 1.0），结果如图 2-171 所示。

图 2-171 重选刀具

4）定义刀具。双击刀具图标，定义刀具号和设置切削参数，结果如图 2-172 所示。

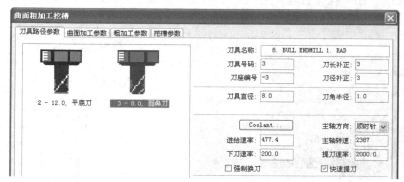

图 2-172 定义刀具

5）曲面加工参数设置。单击"曲面加工参数"选项卡，系统弹出"曲面加工参数"选项卡对话框，如图 2-173 所示，"加工面预留量"设为 0.0。

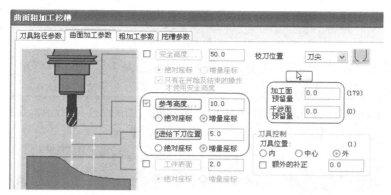

图 2-173　"曲面加工参数"选项卡对话框

6）粗加工参数设置。单击"粗加工参数"选项卡，系统弹出"粗加工参数"选项卡对话框，如图 2-174 所示。

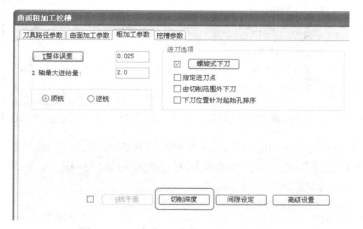

图 2-174　"粗加工参数"选项卡对话框

7）切削深度设定。单击 切削深度 按钮，系统弹出"切削深度的设定"对话框，按图 2-175 所示设置参数，单击确定按钮 ✓ 。

8）系统返回"粗加工参数"选项卡对话框，如图 2-174 所示，单击确定按钮 ✓ ，完成参数编辑。

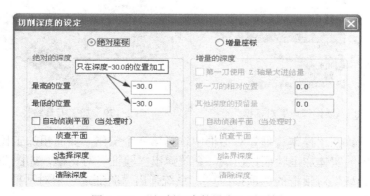

图 2-175　"切削深度的设定"对话框

友情提示

◇ 参数编辑主要有三个方面：①重选和定义刀具；②加工面预留量设为 0；③切削深度设定最高、最低的位置。

9）在"操作管理"对话框中单击"图形"图标，如图 2-176 所示，系统弹出"刀具路径的曲面选取"对话框，如图 2-177 所示，单击移除按钮。

图 2-176 "操作管理"对话框   图 2-177 "刀具路径的曲面选取"对话框

10）单击"刀具路径的曲面选取"对话框中的确定按钮，完成图形编辑。

11）单击"操作管理"对话框中的重建所有已失败的操作按钮，结果如图 2-178 所示，产生的加工刀具路径，如图 2-179 所示。

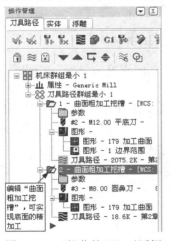

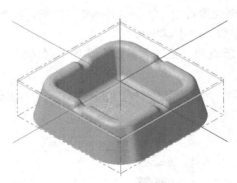

图 2-178 "操作管理"对话框   图 2-179 加工刀具路径

12）实体验证。在"操作管理"对话框中选择第 2 个操作"曲面粗加工挖槽"，单击"操作管理"对话框中的实体加工验证按钮，系统弹出"验证"对话框，如图 2-180 所示。

13）单击"验证"对话框的选项按钮，系统弹出"验证选项"对话框，如图 2-181 所示，材料"形状"选择 ⊙文件。

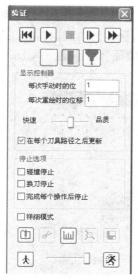

图 2-180　"验证"对话框

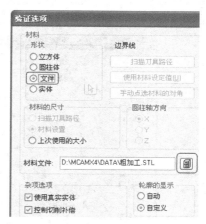

图 2-181　"验证选项"对话框

14）单击"验证选项"对话框中的"材料文件"按钮，系统弹出"打开"对话框，如图 2-182 所示。选择"粗加工"材料文件，单击打开按钮。

15）系统返回"验证选项"对话框，单击确定按钮，系统返回"验证"对话框，屏幕显示粗加工后的材料，如图 2-183 所示。

16）单击"验证"对话框中的机床按钮，精加工底面模拟效果如图 2-184 所示。

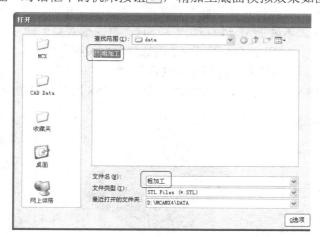

图 2-182　"打开"对话框

图 2-183　粗加工后的材料

图 2-184　精加工底面模拟效果

17）保存材料为文件。在"验证"对话框中，单击保存材料为文件按钮 🔲，系统弹出"另存为"对话框，如图 2-185 所示。将实体加工验证后的材料保存为"底面精加工"，以备后续操作使用，单击保存按钮 ✓，完成材料保存，系统返回"验证"对话框，单击确定按钮 ✓，结束实体验证。

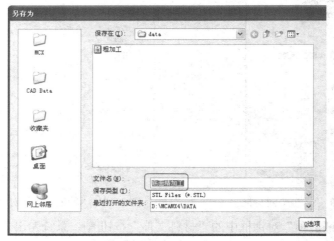

图 2-185 "另存为"对话框

7. 曲面精加工—— 精加工环绕等距加工

1）曲面精加工。单击"刀具路径"—"曲面精加工"—"精加工环绕等距加工"，系统弹出"全新的 3D 高级刀具路径优化功能"对话框，单击确定按钮 ✓。

2）选择加工曲面。系统提示"选择加工曲面"，窗选烟灰缸，回车，系统弹出"刀具路径的曲面选取"对话框，如图 2-186 所示，单击选择曲面按钮 📐。

3）选择干涉曲面。系统提示"选择干涉曲面"，如图 2-187 所示，选择烟灰缸底面，回车，系统返回"刀具路径的曲面选取"对话框，如图 2-188 所示，单击确定按钮 ✓。

图 2-186 "刀具路径的曲面
选取"对话框

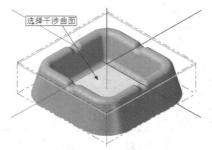

图 2-187 选择干涉曲面

图 2-188 "刀具路径的曲面
选取"对话框

友情 提示

◆ 可将已加工好的表面和夹具等设为干涉曲面加以保护。

4）选择刀具。系统弹出"曲面精加工环绕等距"对话框，如图 2-189 所示，单击"选择库中的刀具"按钮。

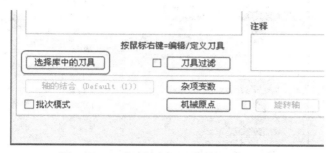

图 2-189　"曲面精加工环绕等距"对话框

5）刀库选刀。系统弹出"选择刀具"对话框，如图 2-190 所示。

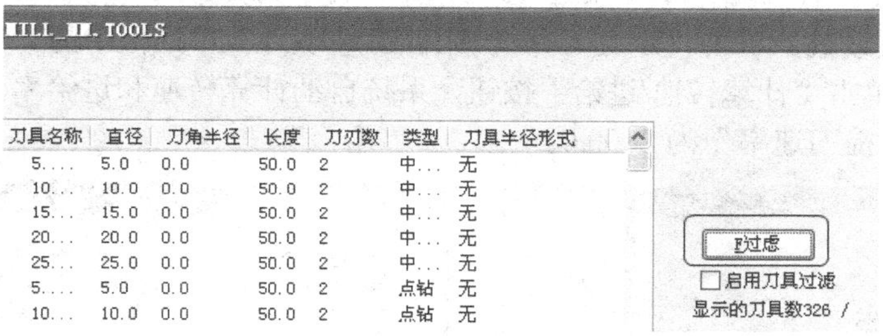

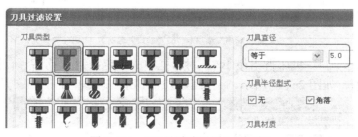

图 2-190　"选择刀具"对话框

6）单击"过滤"按钮 [过滤]，系统弹出"刀具过滤设置"对话框，按图 2-191 所示设置，单击确定按钮 [√]。

7）系统返回"选择刀具"对话框，并推荐符合条件的 239 号刀具，如图 2-192 所示。

8）选择刀具（单击 239 号刀具图标），单击确定按钮 [√]，系统返回"曲面精加工环绕等距"对话框，如图 2-193 所示。

图 2-191　"刀具过滤设置"对话框

图 2-192　"选择刀具"对话框

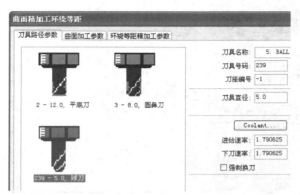

图 2-193 "曲面精加工环绕等距"对话框

9）定义刀具。双击"曲面粗加工挖槽"对话框中刀具号码为 239 的刀具图标，系统弹出"定义刀具-机床群组最小 1"对话框，如图 2-194a 所示，设"刀具号码"为 4、"刀座编号"为-4。

10）刀具参数设置。单击"定义刀具-机床群组最小 1"对话框中的"参数"选项卡，如图 2-194b 所示，单击"计算转速/进给"按钮，系统自动计算转速和进给率，然后设置"下刀速率"为 100.0、"提刀速率"为 2000.0。

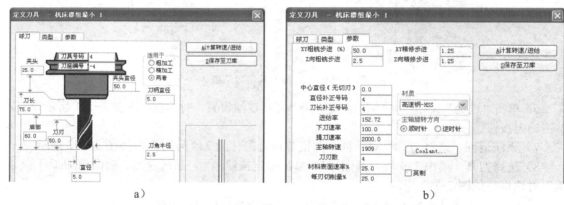

图 2-194 "定义刀具-机床群组最小 1"对话框

a)"球刀"选项卡　b)"参数"选项卡

11）单击"定义刀具-机床群组最小 1"对话框中的确定按钮 ✓ ，系统返回"曲面精加工环绕等距"对话框，如图 2-195 所示，系统自动加载切削参数和刀具补正号。

图 2-195 "曲面精加工环绕等距"对话框

12）曲面加工参数设置。单击"曲面加工参数"选项卡，系统弹出"曲面加工参数"选项卡对话框，按图 2-196 所示设置加工参数。

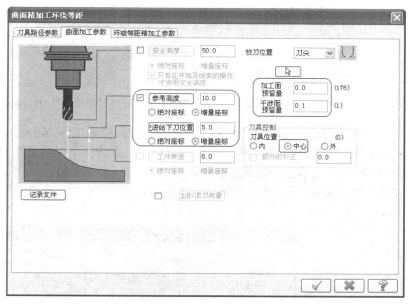

图 2-196 "曲面加工参数"选项卡对话框

13）环绕等距精加工参数设置。单击"环绕等距精加工参数"选项卡，系统弹出"环绕等距精加工参数"选项卡对话框，按图 2-197 所示设置加工参数，单击确定按钮 ✓ 。

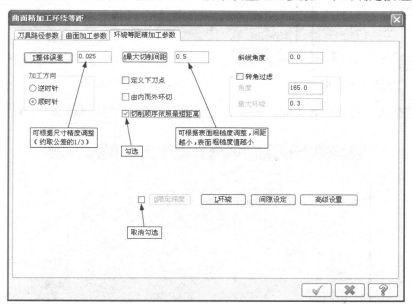

图 2-197 "环绕等距精加工参数"选项卡对话框

14）完成操作创建。完成环绕等距精加工创建，如图 2-198 所示，产生的加工刀具路径如图 2-199 所示。

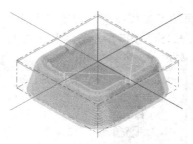

图 2-198　环绕等距精加工操作　　　　图 2-199　环绕等距精加工刀具路径

15）实体验证。在"操作管理"对话框中选择操作"曲面精加工环绕等距"，如图 2-198 所示，单击"操作管理"对话框中的实体加工验证按钮🖱️，系统弹出"验证"对话框，如图 2-200 所示，单击"验证"对话框的选项按钮 🔲。

16）系统弹出"验证选项"对话框，如图 2-201 所示，材料"形状"选择 ◉文件，单击"材料文件"按钮🔲。

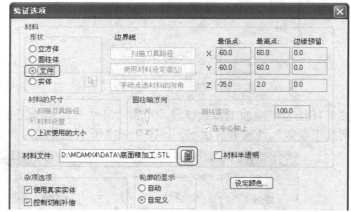

图 2-200　"验证"对话框　　　　　　图 2-201　"验证选项"对话框

17）系统弹出"打开"对话框，如图 2-202 所示，选择"底面精加工"材料文件，单击打开按钮 ✓ 。

图 2-202　"打开"对话框

18）系统返回"验证选项"对话框，单击确定按钮 ，系统返回"验证"对话框，屏幕显示底面精加工后的材料，如图 2-203 所示。

19）单击"验证"对话框中的机床按钮 ，环绕等距精加工模拟结果如图 2-204 所示。

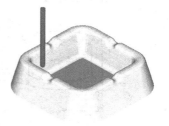

图 2-203　底面精加工后的材料　　　　　图 2-204　环绕等距精加工效果

8. 后处理

1）在"操作管理"对话框中单击选择所有的操作按钮 ，选择所有操作，单击"操作管理"对话框中后处理按钮 G1 ，弹出"后处理程式"对话框，如图 2-205 所示。

2）勾选"NC 文件"选项及其下的"编辑"复选框，然后单击确定按钮 ，弹出"另存为"对话框，选择合适的目录后，单击确定按钮 ，打开"Mastercam X 编辑器"对话框，得到所需的 NC 代码，如图 2-206 所示。

图 2-205　"后处理程式"对话框　　　　　图 2-206　NC 代码

3）关闭"Mastercam X 编辑器"对话框，保存 Mastercam 文件，退出系统。

2.3　实例 3——手机模型加工

2.3.1　零件介绍

手机模型如图 2-207 所示，先画三维线架构图，再画实体，最后由实体生成曲面。

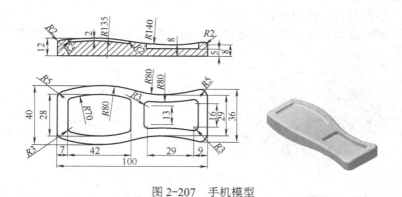

图 2-207　手机模型

2.3.2　工艺分析

1.　零件形状和尺寸分析

该手机模型近似长方体，长 100mm、宽 40mm，高 12mm。

2.　毛坯尺寸

除底面外，其余表面均需要加工。

由于模型形状近似长方体，故选择长方体形状毛坯较为合适，毛坯为长 110mm、宽 50mm、高 25mm 的长方体。

3.　工件装夹

采用平口钳装夹，夹持毛坯的下半部分。

4.　加工方案

1）备料：毛坯 110mm×50mm×25mm。
2）外形铣削：加工模型外轮廓。
3）曲面粗加工挖槽：曲面粗加工。
4）曲面残料粗加工：残料加工。
5）2D 挖槽：精加工模型水平面和竖直面。
6）曲面精加工平行铣削：曲面精加工。
7）曲面精加工残料清角：曲面清角。

2.3.3　相关知识

1.　曲面粗加工

Mastercam 曲面粗加工有平行铣削、放射状加工、投影加工等，其加工方式及特点见表 2-1。

表 2-1　曲面粗加工方法及其特点

序　号	粗加工方式	特点及应用场合	序　号	粗加工方式	特点及应用场合
1	平行铣削	产生相互平行的粗切削刀具路径，适合加工较平坦的曲面	5	等高外形	围绕曲面外形产生逐层梯田状粗切削刀具路径，适合具有较大坡度曲面的加工
2	放射状加工	产生圆周形放射状粗切削刀具路径，适合圆形曲面的加工	6	残料粗加工	在前面工步或工序留下的残料区域生成粗切削刀具路径，适合于清除大刀加工不到的凹槽及拐角区域
3	投影加工	将已有的刀具路径或几何图形投影到选取的曲面上，生成粗加工刀具路径，常用于文字、图案等雕刻加工	7	挖槽粗加工	以曲面形状，在 Z 方向以下降方式产生逐层梯田状粗加工刀具路径，适合复杂形状的曲面加工
4	流线加工	沿着曲面流线方向产生粗切削加工刀具路径，适合流线型曲面粗加工	8	插削式粗加工	产生逐层钻削刀具路径，用于工件材料及曲面形状宜采用钻削加工的场合

2.　曲面精加工

Mastercam 曲面精加工有平行铣削、陡斜面加工、放射状加工等，其加工方式及特点见表 2-2。

表 2-2　曲面精加工方法及其特点

序　号	精加工方式	特点及应用场合	序　号	精加工方式	特点及应用场合
1	平行铣削	产生相互平行的精切削刀具路径，适合大部分曲面的加工	6	等高外形	沿着曲面外形产生逐层精切削刀具路径，适合具有较大坡度曲面的加工
2	陡斜面加工	针对较陡斜面上的残料产生精切削刀具路径，适合较陡曲面的残料清除	7	浅平面加工	对坡度小的曲面产生精切削刀具路径，常在等高外形加工后进行
3	放射状加工	产生圆周形放射状精切削刀具路径，适合圆形曲面的加工	8	交线清角加工	在曲面交角处产生精切削刀具路径，适合曲面交角处残料的清除
4	投影加工	将已有的刀具路径或几何图形投影到选取的曲面上，生成精切削刀具路径，常用于文字、图案等雕刻加工	9	残料清除加工	产生精切刀路，以清除前序加工中因刀具直径较大而残留的材料
5	流线加工	沿着曲面流线方向产生精切削加工刀具路径，适合流线形曲面的精加工	10	环绕（或 3D）等距加工	生成等距离环绕加工曲面的精切刀路，其特点是刀路均匀

2.3.4　操作创建

1.　绘制三维图形

1）启动 Mastercam。启动 Mastercam X6，按 F9 键，显示坐标系。

2）绘制矩形。在当前默认的绘图平面（俯视图）绘制一矩形，将矩形中心定位于原点，并倒圆角 R5，如图 2-208 所示。

3）修剪图形并绘制水平线。修剪图形并按尺寸 14.5 绘制水平线，结果如图 2-209 所示。

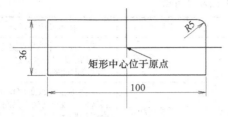

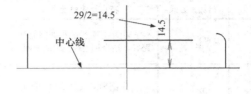

图 2-208 画矩形　　　　　　　图 2-209 修剪图形并绘制水平线

4）倒圆角。在水平线与 R5 圆弧之间倒圆角 R80，选择修剪 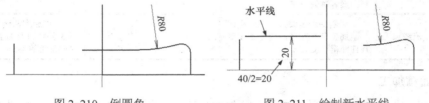，结果如图 2-210 所示。

5）删除原水平线并绘制新水平线。按尺寸 20 绘制水平线，结果如图 2-211 所示。

图 2-210 倒圆角　　　　　　　图 2-211 绘制新水平线

6）倒圆角。在水平线与 R80 圆弧之间倒圆角 R80，选择修剪 ，结果如图 2-212 所示。

7）倒圆角。删除水平线，在左侧竖直线与 R80 圆弧之间倒圆角 R5，选择修剪 ，结果如图 2-213 所示。

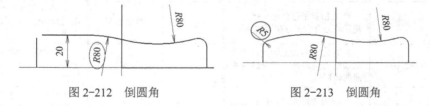

图 2-212 倒圆角　　　　　　　图 2-213 倒圆角

8）画圆。绘制 2 个 $\phi6$ 的圆，结果如图 2-214 所示。

9）倒圆角。在两个 $\phi6$ 的圆之间倒圆角 R80，选择不修剪 ；画两垂直线分别与 $\phi6$ 的圆相切，并修剪至中心线，结果如图 2-215 所示。

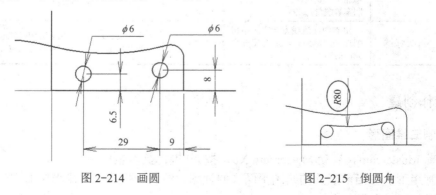

图 2-214 画圆　　　　　　　　图 2-215 倒圆角

10）修剪圆。修剪两个 $\phi6$ 的圆，结果如图 2-216 所示。

11）画直线。按尺寸绘制 3 条直线，结果如图 2-217 所示。

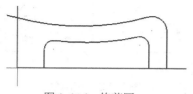

图 2-216 修剪圆

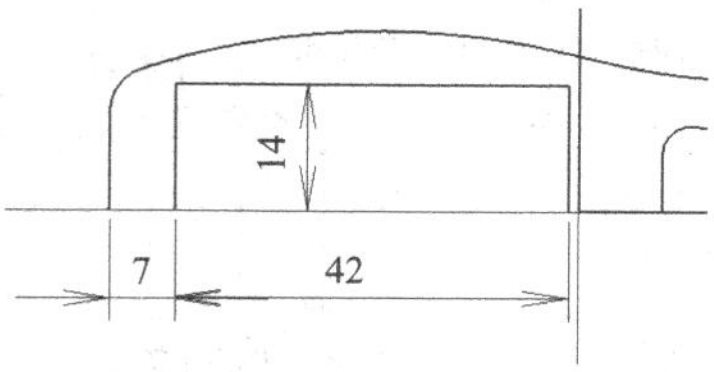

图 2-217 画直线

12）画切弧。创建 *R*70 的切弧，结果如图 2-218 所示。

13）倒圆角。删除水平线，在左、右竖直线与 *R*70 圆弧之间倒圆角 *R*3，选择修剪 ，结果如图 2-219 所示。

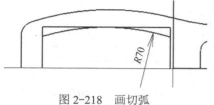

图 2-218 画切弧

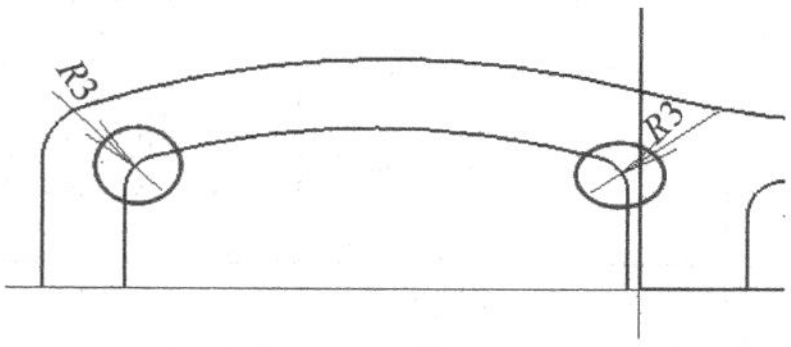

图 2-219 倒圆角

14）镜像图形。选择全部图素关于 X 轴（中心线）镜像，结果如图 2-220 所示，至此已完成俯视图的绘制。

15）设置绘图平面。将前视图设置为当前绘图平面，如图 2-221 所示。

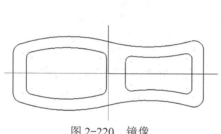

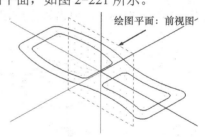

图 2-220 镜像

图 2-221 设置绘图平面

16）设置图层。将图层 10 作为当前主图层以绘制前视图，同时为方便绘图隐藏俯视图所在图层 1，结果如图 2-222 所示。

17）绘制矩形。使用 矩形形状设置 命令按钮在当前绘图平面（前视图）绘制 100×12 的矩形，为便于观察，单击"前视图"按钮 以改变视角，结果如图 2-223 所示.

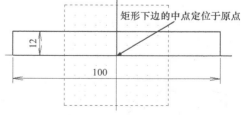

图 2-222 设置图层

图 2-223 绘制矩形

18）倒圆角。按尺寸 10 绘制水平线并倒圆角 *R*2，选择修剪 ，结果如图 2-224 所示。

19）倒圆角。删除上一步骤绘制的水平线，按尺寸 8 绘制水平线，并在该水平线与 *R*2 圆弧之间倒圆角 *R*140，选择修剪 ，结果如图 2-225 所示。

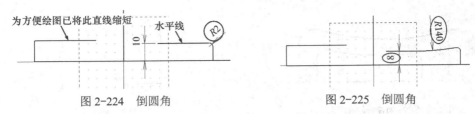

图 2-224　倒圆角　　　　　　　　　图 2-225　倒圆角

20）倒圆角。删除上一步骤绘制的水平线，在水平线与 R140 圆弧之间倒圆角 R135，选择修剪 ▣，结果如图 2-226 所示。

21）倒圆角。删除图 2-226 所示的水平线，在竖直线与 R135 圆弧之间倒圆角 R2，选择修剪 ▣，结果如图 2-227 所示，至此已完成前视图的绘制。

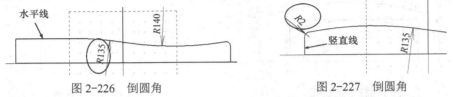

图 2-226　倒圆角　　　　　　　　　图 2-227　倒圆角

22）显示三维线架构图。打开图层 1，显示绘制的三维线架构图，结果如图 2-228 所示。

23）挤出实体。单击 ![挤出实体...] 命令，选择挤出的串连图素，如图 2-229 所示，单击 ☑ 按钮，系统弹出"挤出串连"对话框，如图 2-230 所示设置参数，同时观察挤出方向是否向上，如图 2-231，否则 ☑更改方向，单击确定按钮 ☑。

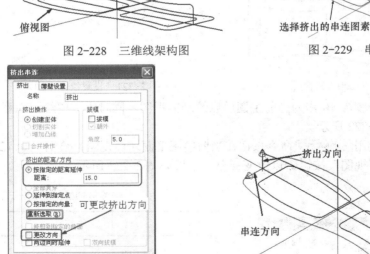

图 2-228　三维线架构图　　　　　　图 2-229　串连图素

图 2-230　"挤出串连"对话框　　　　图 2-231　挤出方向

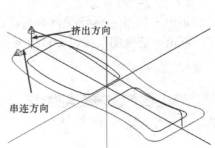

24）单击"挤出串连"对话框的 ☑ 按钮，结果如图 2-232 所示。

25）挤出实体。单击 ![线架实体] 按钮，线架构显示实体模型，单击 F9 键，隐藏坐标系。单击 ![挤出实体...] 命令，选择挤出的串连图素，如图 2-233 所示，单击确定按钮 ☑，系统弹出"挤出串连"对话框，如图 2-234 所示设置参数，单击确定按钮 ☑ 和 ![图形着色] 按钮，结果如图 2-235 所示。

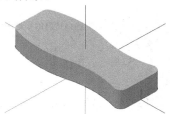

图 2-232　挤出实体

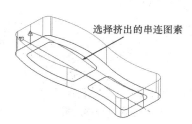

图 2-233　串连图素

图 2-234　"挤出串连"对话框

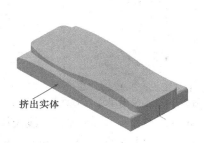

图 2-235　挤出实体

26）单击 C 布尔运算-交集 命令，依次选择前面创建的两个挤出实体，回车，结果如图 2-236 所示。

27）单击 E 实体倒圆角 命令，激活"选择面"按钮 ，如图 2-237 所示选择两曲面，回车，系统弹出"倒圆角参数"对话框，如图 2-238 所示设置参数，单击确定按钮 ，结果如图 2-239 所示。

图 2-236　布尔运算

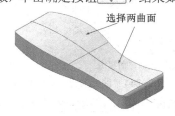

图 2-237　选择曲面

图 2-238　"倒圆角参数"对话框

图 2-239　倒圆角

28）平移图素。单击 线架实体 按钮，线架构显示实体模型，如图 2-240 所示，将选择的图素向上平移 5mm。

29）挤出切割。单击 X 挤出实体 命令，选择挤出的串连图素，如图 2-241 所示，单击 按钮，系统弹出"挤出串连"对话框，如图 2-242 所示设置参数，单击确定按钮 和 图形着色按钮，结果如图 2-243 所示。

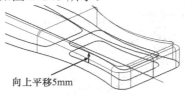

向上平移5mm

图 2-240　平移图素

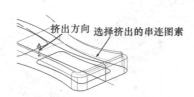

挤出方向　选择挤出的串连图素

图 2-241　选择挤出的串连图素

图 2-242　"挤出串连"对话框

图 2-243　挤出切割

30）曲线补正。单击 ⊕ 线架实体 按钮，线架构显示实体模型，如图 2-244 所示，设置绘图平面：前视图，将选择的曲线向下补正 2mm。

31）曲线平移。将补正后的曲线向前平移 30mm，结果如图 2-245 所示。

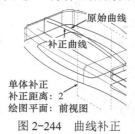

原始曲线
补正曲线
单体补正
补正距离：2
绘图平面：前视图

图 2-244　曲线补正

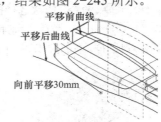

平移前曲线
平移后曲线
向前平移30mm

图 2-245　曲线平移

32）牵引曲面。单击 ◇ D 牵引曲面… 命令，系统弹出"串连选项"对话框，选择图 2-246 所示曲线，单击确定按钮 ✓ ，系统弹出"牵引曲面"对话框，如图 2-247 所示设置参数，单击确定按钮 ✓ 和 ● 图形着色 按钮，结果如图 2-248 所示。

33）挤出实体。单击 ⊕ 线架实体 按钮，线架构显示实体模型。单击 ⊡ Ⅹ 挤出实体… 命令，选择挤出的串连图素，如图 2-249 所示，单击确定按钮 ✓ ，系统弹出挤出串联对话框，如图 2-250 所示设置参数，单击确定按钮 ✓ 和 ● 图形着色 按钮，结果如图 2-251 所示。

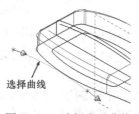

选择曲线

图 2-246　选择牵引线

牵引曲面

○ 长度(L)　○ 平面(E)

60.0
60.0
0.0

□ 分离牵引(

图 2-247　"牵引曲面"对话框

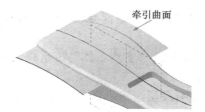

图 2-248　牵引曲面

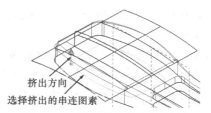

图 2-249　选择挤出的串连图素

图 2-250　"挤出串连"对话框

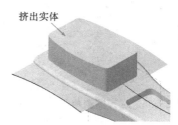

图 2-251　挤出实体

34）实体修剪。单击 实体修剪 命令，选择图 2-251 所示挤出实体，回车，系统弹出"修剪实体"对话框，如图 2-252 所示，单击 ○曲面(S)，选择图 2-248 所示的牵引曲面，单击确定按钮 √ 完成实体修剪。

35）单击 布尔运算-切割 命令，如图 2-253 所示，依次选择实体 1（目标主体）和实体 2（工件主体），回车，结果如图 2-254 所示。

36）隐藏曲面。如图 2-255 所示，将牵引曲面移至图层 5 并隐藏。

图 2-252　"修剪实体"对话框

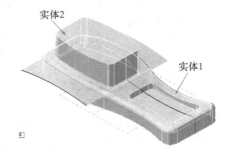

图 2-253　选择主体

图 2-254　布尔运算

图 2-255　图层管理

37）实体倒圆角。单击 实体倒圆角 命令，仅激活"实体面"按钮 ，选择图 2-256 所示曲面，回车，系统弹出"倒圆角参数"对话框，如图 2-257 所示设置参数，单击确定按钮 ✓ ，结果如图 2-258 所示。

38）由实体生成曲面。单击 由实体生成曲面 命令，仅激活"实体主体"按钮 ，选择手机模型实体，连续三次回车，即可在实体表面创建曲面。

39）图形平移。按 F9 键，显示坐标系，打开所有图层，将所有图素向下移动 13mm，结果如图 2-259 所示。

40）图层管理。如图 2-260 所示，将实体移至图层 20，将曲面移至图层 30，并将图层 30 设为主图层，关闭其余图层，仅显示曲面模型，结果如图 2-261 所示。

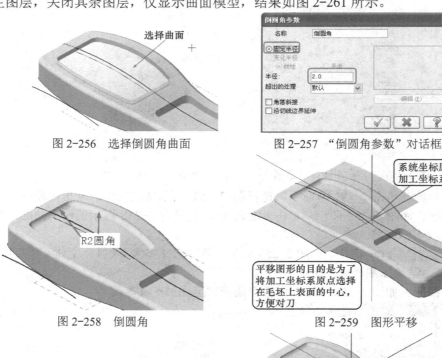

图 2-256　选择倒圆角曲面　　　　图 2-257　"倒圆角参数"对话框

图 2-258　倒圆角　　　　图 2-259　图形平移

图 2-260　图层管理　　　　图 2-261　曲面模型

2. 选择机床

单击菜单"机床类型"—"铣床"—"默认"，结果如图 2-262 所示。

3. 指定绘图面和刀具面

单击"平面"工具栏上的"T 俯视图"按钮 I 俯视图 (WCS) ，系统指定绘图面和刀具面为俯视图，屏幕显示 刀具/绘图面:俯视图 。

4. 材料设置

1）单击状态栏上的"2D"按钮 2D 屏幕视角 平面 ，将其设为"3D"状态 3D 屏幕视角 平面 。

2）单击图 2-262 所示"操作管理"对话框中的 ◆ 材料设置，系统弹出"机器群组属性"

对话框，如图 2-263 所示设置毛坯材料，单击确定按钮 ，结果如图 2-264 所示。

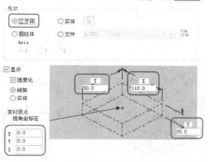

图 2-262　选择机床　　　　图 2-263　"机器群组属性"对话框　　　　图 2-264　材料设置

5. 外形铣削

1）打开图层 1，线架显示实体，选择"刀具路径"—"外形铣削"命令，系统弹出"输入新 NC 名称"对话框，单击确定按钮 ✓，系统弹出"串连选项"对话框，单击串连按钮 ◎◎，选择图 2-265 所示外形边界。

2）单击"串连选项"对话框中的确定按钮 ✓ 按钮，系统弹出"2D 刀具路径-外形铣削"对话框，如图 2-266 所示，选择 ϕ12mm 平底刀。

选取外形串连

图 2-265　串连外形　　　　　　　　　图 2-266　选择刀具

3）切削参数设置。在左侧的"参数类别列表"中选择"切削参数"选项，弹出切削参数设置对话框，如图 2-267 所示设置参数。

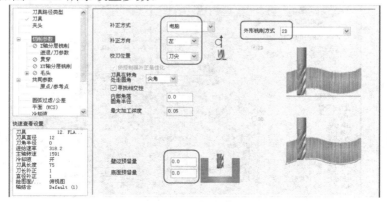

图 2-267　切削参数设置

4）深度切削参数设置。在左侧的"参数类别列表"中选择"Z 轴分层铣削"选项，弹出深度切削参数设置对话框，如图 2-268 所示设置参数。

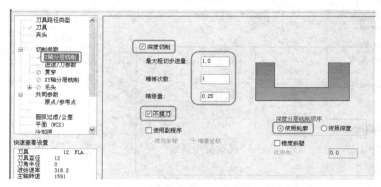

图 2-268　深度切削参数设置

5）分层铣削参数。在左侧的"参数类别列表"中选择"XY 轴分层铣削"选项，弹出 XY 轴分层铣削设置对话框，如图 2-269 所示设置参数。

图 2-269　分层铣削参数设置

6）高度参数设置。在左侧的"参数类别列表"中选择"共同参数"选项，弹出高度参数设置对话框，如图 2-270 所示设置参数。

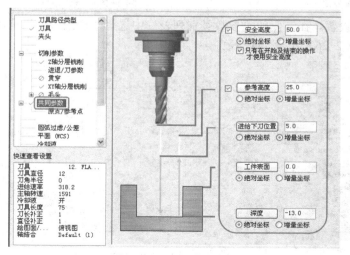

图 2-270　高度参数设置

7）单击确定按钮 √ ，完成外形铣削操作创建，产生加工刀具路径，如图 2-271 所示。

8）实体验证。单击"操作管理"对话框中的实体加工验证按钮 ，系统弹出"验证"对话框，单击 ▶ 按钮，模拟结果如图 2-272 所示。单击确定按钮 √ ，结束外形铣削操作创建。

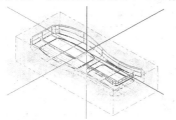　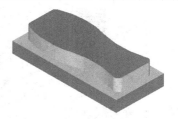

图 2-271　生成刀具路径　　　　　　图 2-272　实体加工验证

6. 曲面粗加工—— 粗加工挖槽加工

1）隐藏刀具路径。单击"操作管理"对话框中的 ≋ 按钮，隐藏刀具路径。

2）粗加工挖槽加工。单击"刀具路径"—"曲面粗加工"—"粗加工挖槽加工"，系统弹出"全新的 3D 高级刀具路径优化功能"对话框，单击确定按钮 √ ，系统提示"选择加工曲面"，窗选全部曲面，回车，系统弹出"刀具路径的曲面选取"对话框，如图 2-273 所示，单击选择边界按钮 ，如图 2-274 所示选取切削范围边界，两次单击确定按钮 √ 。

图 2-273　"刀具路径的曲面选取"对话框　　　图 2-274　选取切削范围边界

3）系统弹出"曲面粗加工挖槽"对话框，如图 2-275 所示，选择与外形铣削相同刀具（φ12mm 平底刀）。

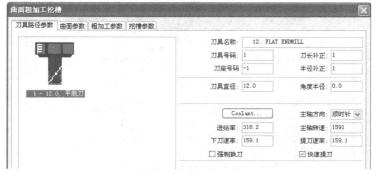

图 2-275　选择刀具

4）曲面参数设置。单击"曲面参数"选项卡，按图 2-276 所示设置曲面参数。

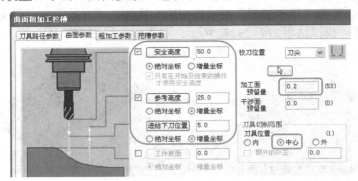

图 2-276　曲面参数设置

5）粗加工参数设置。单击"粗加工参数"选项卡，按图 2-277 所示设置粗加工参数。

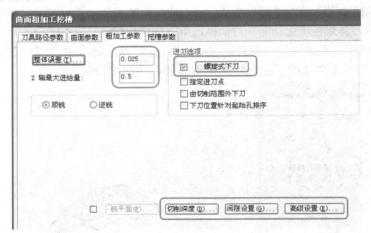

图 2-277　粗加工参数设置

6）勾选 ☑ [螺旋式下刀]，并单击 [螺旋式下刀] 按钮，系统弹出"螺旋/斜插式下刀参数"对话框，按图 2-278 所示设置参数，单击确定按钮 [✓]。

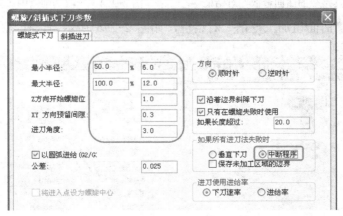

图 2-278　下刀参数设置

7）系统返回"粗加工参数"选项卡对话框，单击 切削深度 按钮，系统弹出"切削深度设置"对话框，按图 2-279 所示设置参数，单击确定按钮 ✓ 。

8）系统返回"粗加工参数"选项卡对话框，单击 间隙设置(G)... 按钮，系统弹出"刀具路径的间隙设置"对话框，如图 2-280 所示，勾选 ☑切削顺序最佳化 ，单击确定按钮 ✓ 。

图 2-279　切削深度设置　　　　　　图 2-280　"刀具路径的间隙设置"对话框

9）系统返回"粗加工参数"选项卡对话框，单击"挖槽参数"选项卡，按图 2-281 所示设置参数，单击确定按钮 ✓ 。

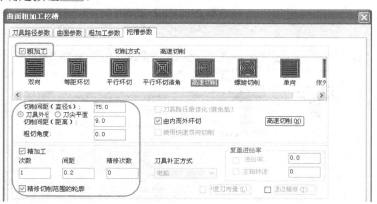

图 2-281　挖槽参数设置

10）完成操作创建。完成曲面粗加工挖槽创建，单击 ● 图形着色 按钮，刀具路径如图 2-282 所示。

11）实体验证。单击"操作管理"对话框中的实体加工验证按钮 ● ，系统弹出"验证"对话框，单击 ▶ 按钮，模拟结果如图 2-283 所示。

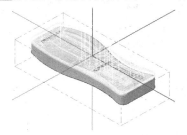

图 2-282　粗加工挖槽刀具路径　　　　　图 2-283　实体加工验证结果

7. 曲面残料粗加工

1）隐藏已有操作刀具路径，单击"刀具路径" — "曲面粗加工" — "粗加工残料加工"，系统弹出"全新的 3D 高级刀具路径优化功能"对话框，单击确定按钮，系统提示"选择加工曲面"，窗选全部曲面，回车，系统弹出"刀具路径的曲面选取"对话框，如图 2-284 所示。

2）单击选择边界按钮，如图 2-285 所示选取切削范围边界，两次单击确定按钮。

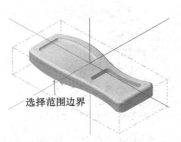

选择范围边界

图 2-284　"刀具路径的曲面选取"对话框　　　　图 2-285　选取切削范围边界

3）系统弹出"曲面残料粗加工"对话框，如图 2-286 所示，选择残料粗加工刀具（φ6mm平底刀）。

图 2-286　选择刀具

4）曲面参数设置。单击"曲面参数"选项卡，按图 2-287 所示设置曲面参数。

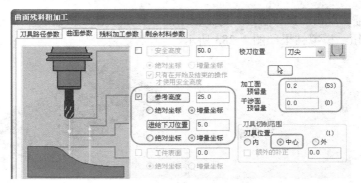

图 2-287　曲面参数设置

5）残料粗加工参数设置。单击"残料粗加工参数"选项卡，按图 2-288 所示设置粗加工参数。

6）单击图 2-288 对话框 切削深度 按钮，系统弹出"切削深度设置"对话框，按图 2-289 所示设置参数，单击确定按钮 ，返回"曲面残料粗加工"对话框。

7）剩余材料参数设置。单击"剩余材料参数"选项卡，按图 2-290 所示设置粗加工参数。

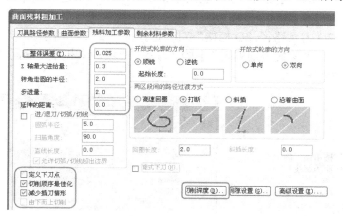

图 2-288　残料粗加工参数设置

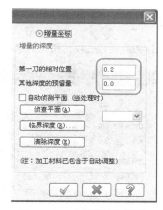

图 2-289　切削深度设置

图 2-290　剩余材料参数设置

8）单击确定按钮 ，完成粗加工挖槽加工操作创建，产生加工刀具路径，如图 2-291 所示。

9）实体验证。单击"操作管理"对话框中的实体加工验证按钮 ，系统弹出"验证"对话框，单击 按钮，模拟结果如图 2-292 所示。

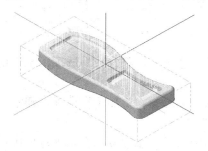

图 2-291　曲面残料粗加工刀具路径

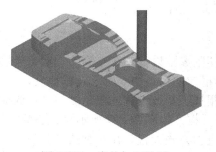

图 2-292　实体加工验证

8. 2D 挖槽

1）挖槽加工。隐藏已有操作刀具路径，单击"刀具路径"—"标准挖槽"，系统弹出"串连选项"对话框。

2）串连外形。单击串连按钮 ∞，选择图 2-293 所示外形边界，单击"串连选项"对话框中的确定按钮 ✓。

3）系统弹出"2D 刀具路径-2D 挖槽"对话框，如图 2-294 所示。

4）选择刀具。单击"参数类别列表"中的"刀具"选项，弹出刀具设置对话框，如图 2-295 所示，选择 ϕ6mm 的平底刀。

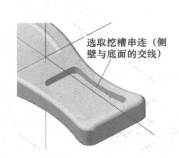

图 2-293　串连外形

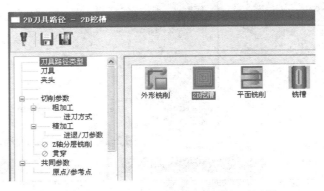

图 2-294　"2D 刀具路径-2D 挖槽"对话框

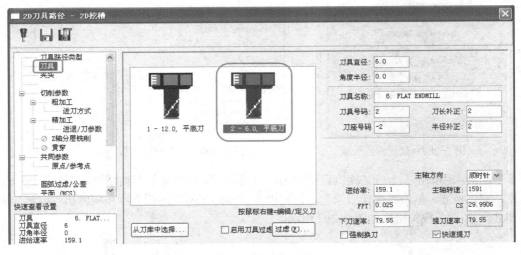

图 2-295　选择刀具

5）切削参数设置。在左侧的"参数类别列表"中选择"切削参数"选项，弹出切削参数设置对话框，如图 2-296 所示设置参数。

6）粗加工参数设置。在左侧的"参数类别列表"中选择"粗加工"选项，弹出粗加工参数设置对话框，如图 2-297 所示设置参数。

7）进刀方式设置。在左侧的"参数类别列表"中选择"进刀方式"选项，弹出进刀方式设置对话框，如图 2-298 所示设置参数。

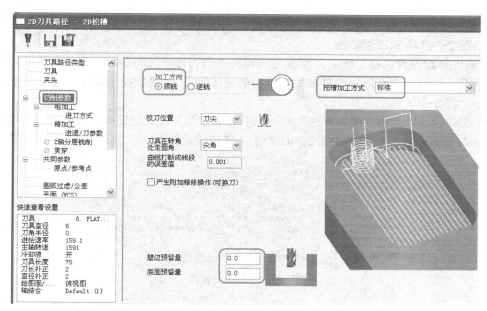

图 2-296 切削参数设置

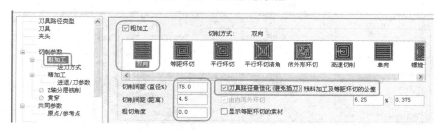

图 2-297 粗加工参数设置

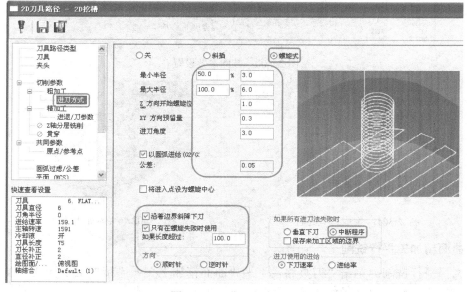

图 2-298 进刀方式设置

8）精加工设置。在左侧的"参数类别列表"中选择"精加工"选项，弹出精加工设置对话框，如图 2-299 所示设置参数。

9）高度参数设置。在左侧的"参数类别列表"中选择"共同参数"选项，弹出共同参数设置对话框，如图 2-300 所示设置参数，单击确定按钮 ，完成挖槽操作创建，产生加工刀具路径，如图 2-301 所示。

10）实体验证。单击"操作管理"对话框中的实体加工验证按钮 ，系统弹出"验证"对话框，单击 ▶ 按钮，模拟结果如图 2-302 所示，单击确定按钮，结束挖槽操作创建。

图 2-299　精加工设置

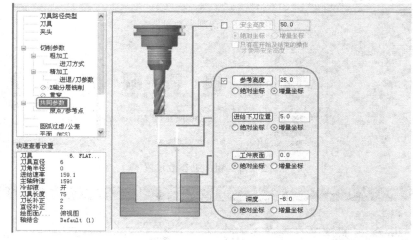

图 2-300　共同参数设置

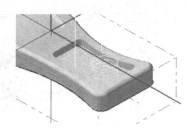

图 2-301　生成刀具路径

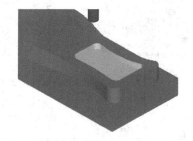

图 2-302　实体加工验证

9. 曲面精加工平行铣削

1）选择平行铣削。单击"刀具路径"—"曲面精加工"—"精加工平行铣削"，系统弹出"全新的 3D 高级刀具路径优化功能"对话框，单击确定按钮。

2）选择加工曲面。系统提示"选择加工曲面"，选择所有曲面，回车，系统弹出"刀具路径的曲面选取"对话框，如图 2-303 所示，单击选择按钮 ，选择图 2-304 所示曲面作为干涉面，回车，单击确定按钮 ☑。

图 2-303　"刀具路径的曲面选取"对话框

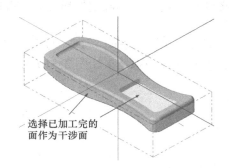

选择已加工完的面作为干涉面

图 2-304　选择干涉面

3）系统弹出"曲面精加工平行铣削"对话框，如图 2-305 所示选取 ϕ 8mm 球刀。

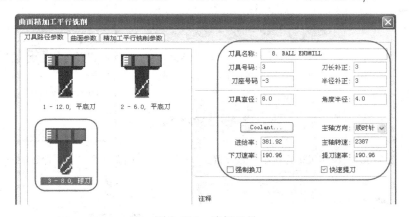

图 2-305　选择刀具

4）曲面参数设置。单击"曲面参数"选项卡，按图 2-306 所示设置曲面参数。

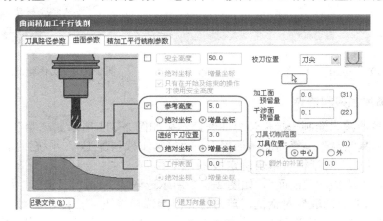

图 2-306　曲面参数设置

5）精加工平行铣削参数设置。单击"精加工平行铣削参数"选项卡，按图 2-307 所示设置铣削参数。

6）单击 间隙设置(G)... 按钮，系统弹出"刀具路径的间隙设置"对话框，如图 2-308 所示，勾选 ☑切削顺序最佳化，两次单击确定按钮 ✓ ，完成曲面精加工平行铣削创建，其刀具路径如图 2-309 所示。

7）实体验证。单击"操作管理"对话框中的实体加工验证按钮 ，系统弹出"验证"对话框，单击 ▶ 按钮，模拟结果如图 2-310 所示。

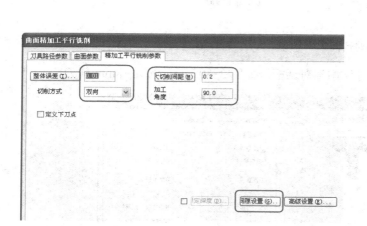

图 2-307　精加工平行铣削参数设置

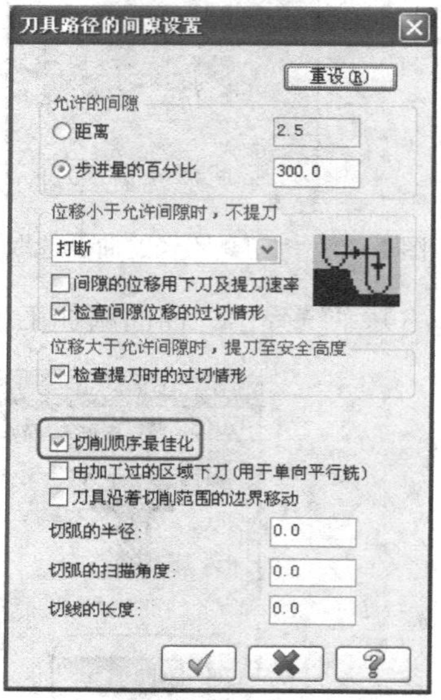

图 2-308　"刀具路径的间隙设置"对话框

图 2-309　精加工刀具路径

图 2-310　实体验证结果

10. 曲面精加工残料清角

1）绘制边界曲线。绘制一矩形边界曲线，结果如图 2-311 所示。

2）单击"刀具路径"—"曲面精加工"—"精加工残料加工"，系统弹出"全新的 3D 高级刀具路径优化功能"对话框，单击确定按钮 ✓ 。

3）系统提示"选择加工曲面"，如图 2-312 所示选取加工曲面，回车，系统弹出图 2-313 所示"刀具路径的曲面选取"对话框，单击边界范围选择按钮 ⬚ 。

4）选择图 2-311 所示矩形边界曲线，两次单击确定按钮 ✓ ，系统弹出"曲面精加工残料清角"对话框，如图 2-314 所示，选取 ϕ4mm 球刀。

　　5）曲面参数设置。单击"曲面参数"选项卡，按图 2-315 所示设置曲面参数。

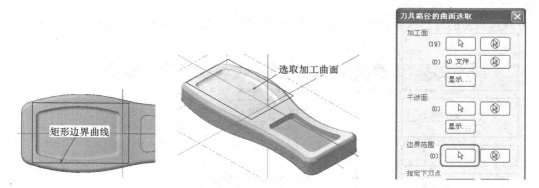

图 2-311　绘制矩形边界曲线　　图 2-312　选取加工曲面　　图 2-313　"刀具路径的曲面选取"对话框

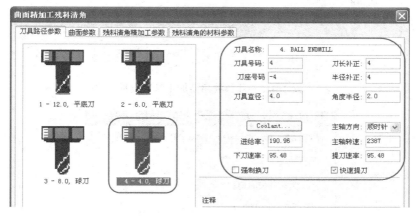

图 2-314　选取刀具

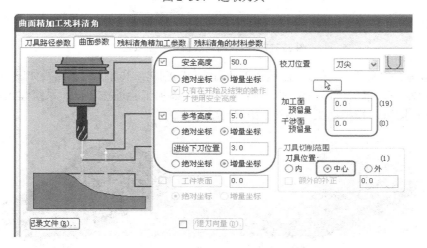

图 2-315　残料清角参数设置

　　6）残料清角精加工参数设置。单击"残料清角精加工参数"选项卡，按图 2-316 所示设置参数。

7）单击 间隙设置(G)... 按钮，系统弹出"刀具路径的间隙设置"对话框，勾选 ☑切削顺序最佳化，单击确定按钮 ✓ 完成设置。

8）残料清角的材料参数设置。单击"残料清角的材料参数"选项卡，按图 2-317 所示设置参数。

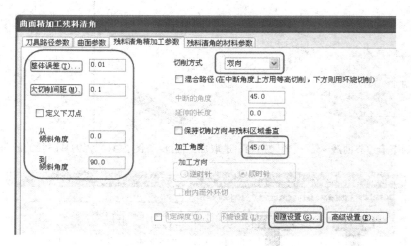

图 2-316　残料清角精加工参数设置

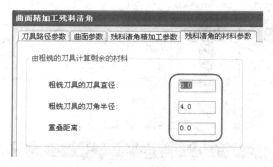

图 2-317　残料清角的材料参数设置

9）单击确定按钮 ✓，完成曲面精加工残料清角的创建，其加工刀具路径如图 2-318 所示。

10）实体验证。单击"操作管理"对话框中的实体加工验证按钮 ◉，系统弹出"验证"对话框，单击 ▶ 按钮，模拟结果如图 2-319 所示。

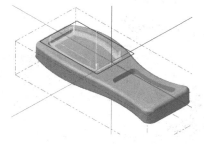

图 2-318　残料清角刀具路径

图 2-319　实体验证结果

11. 后处理

1）在"操作管理"对话框中单击选择所有的操作按钮 ✎，选择所有操作，单击"操作管理"对话框中后处理按钮 **G1**，弹出"后处理程式"对话框，单击确定按钮 ✓，得到所需的 NC 代码，如图 2-320 所示。

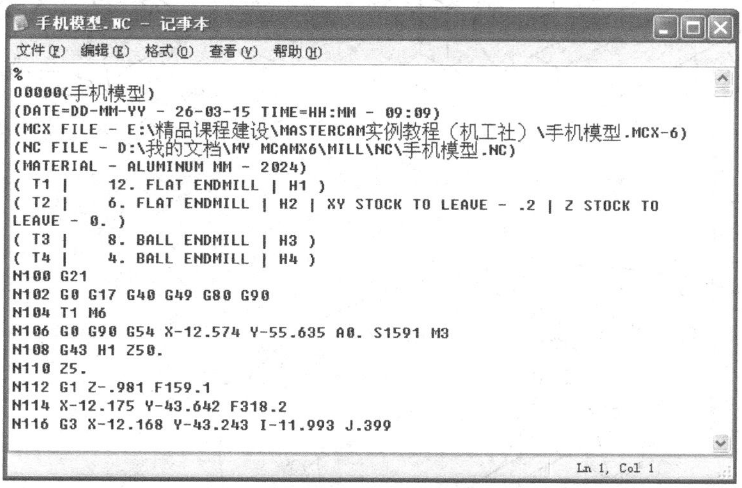

```
📄 手机模型.NC - 记事本                                    ─ □ ✕
文件(F)  编辑(E)  格式(O)  查看(V)  帮助(H)
%
O0000(手机模型)
(DATE=DD-MM-YY - 26-03-15 TIME=HH:MM - 09:09)
(MCX FILE - E:\精品课程建设\MASTERCAM实例教程（机工社）\手机模型.MCX-6)
(NC FILE - D:\我的文档\MY MCAMX6\MILL\NC\手机模型.NC)
(MATERIAL - ALUMINUM MM - 2024)
( T1  |    12. FLAT ENDMILL  | H1 )
( T2  |     6. FLAT ENDMILL  | H2 | XY STOCK TO LEAVE - .2 | Z STOCK TO
LEAVE - 0. )
( T3  |     8. BALL ENDMILL  | H3 )
( T4  |     4. BALL ENDMILL  | H4 )
N100 G21
N102 G0 G17 G40 G49 G80 G90
N104 T1 M6
N106 G0 G90 G54 X-12.574 Y-55.635 A0. S1591 M3
N108 G43 H1 Z50.
N110 Z5.
N112 G1 Z-.981 F159.1
N114 X-12.175 Y-43.642 F318.2
N116 G3 X-12.168 Y-43.243 I-11.993 J.399
                                                    Ln 1, Col 1
```

图 2-320　NC 代码

2）保存 Mastercam 文件，退出系统。

2.4 小结

Mastercam 曲面加工方式比较多，要根据加工对象的特点进行选择，尤其是精加工，要根据各个面的特点选择合理的加工方式。为提高生产效率，应尽量选择较大的刀具进行粗、精加工，然后再利用残料粗加工和残料清角进行补充加工。

2.5 练习与思考

完成图 2-321 所示图形的三维铣削加工。要求：①绘制其三维曲面模型；②确定合理的毛坯形状和尺寸；③选用合适的三维加工方法加工出零件；④有粗加工和精加工。

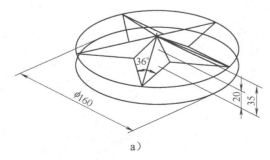

a）

图 2-321　练习题

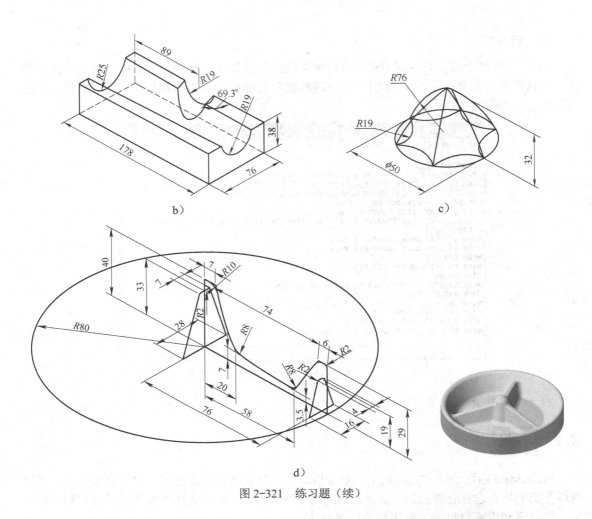

b)

c)

d)

图 2-321　练习题（续）

第3章

数控车削加工

3.1 实例1——螺纹轴数控车削加工

3.1.1 零件介绍

螺纹轴零件图如图 3-1a 所示，完成后的实体模型如图 3-1b 所示。

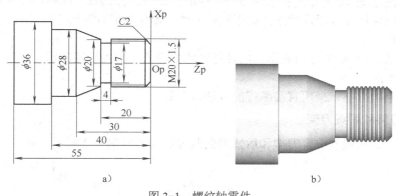

图 3-1　螺纹轴零件

a）零件图　b）实体模型

3.1.2 工艺分析

1. 零件形状和尺寸分析

该零件为回转体，最大直径为 36mm，长为 55mm。

2. 毛坯尺寸

该零件尺寸未注公差，精度要求不高，端面粗车即可，外圆可分为粗车和精车。

一般粗车直径余量为 1.5～4mm，半精车直径余量为 0.5～2.5mm，精车直径余量为 0.2～1.0mm，根据毛坯直径=工件直径+粗加工余量+精加工余量，可确定毛坯直径为 40mm。

端面余量取 2mm 比较合适，同时考虑卡盘装夹长度约 15mm，截断尺寸 4mm，根据毛坯长度=工件长度+端面余量+卡盘夹持部分长度+截断宽度，可确定毛坯长度为 77mm。

故毛坯尺寸为 ϕ40mm×77mm。

3. 工件装夹

由于工件尺寸不大，可采用自定心卡盘（俗称三爪卡盘）装夹。

4. 加工方案

首先根据毛坯尺寸下料，然后在数控车床上进行加工，具体数控加工工艺路线如下：

1）车端面。

2）粗车外圆。

3）切槽。

4）精车外圆。

5）车螺纹。

6）切断。

3.1.3 相关知识

1. 直径编程与半径编程

数控车床有直径编程和半径编程两种方法。

前一种方法是把 X 坐标值表示为回转零件的直径值，称为直径编程，由于图样上都用直径表示零件的回转尺寸，用这种方法编程比较方便，X 坐标值与回转零件直径尺寸保持一致，不需要尺寸换算。

后一种方法是把 X 坐标值表示为回转零件的半径值，称为半径编程，这种方法符合直角坐标系的表示方法。

考虑使用上的方便，采用直径编程的方法居多数。

2. 前置刀架和后置刀架

数控车床刀架布置有前置刀架和后置刀架两种形式，如图 3-2 所示。

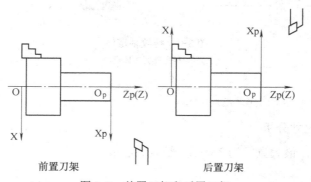

前置刀架　　　　　　　　　　　　　后置刀架

图 3-2　前置刀架和后置刀架

操作人员站在数控车床前面，刀架位于主轴和操作人员之间的属于前置刀架，主轴位于刀架和操作人员之间的属于后置刀架。

前置刀架与传统卧式车床刀架的布置形式一样，刀架导轨为水平导轨，使用四工位电动刀架。

后置刀架的导轨位置倾斜，这样的结构形式便于观察刀具的切削过程，切屑容易排除，后置空间大，可以设计更多工位的刀架，一般全功能的数控车床都设计为后置刀架。

前置刀架主轴正转时刀尖朝上，后置刀架主轴正转时刀尖朝下。

前置刀架和后置刀架编程完全相同。

3. 轴类工件的装夹

切削加工时，必须将工件放在机床夹具中定位和夹紧，使它在整个切削过程中始终保持正确的位置。工件装夹的质量和速度，直接影响加工质量和劳动生产率。

根据轴类工件的形状、大小和加工数量不同，常用以下几种装夹方法。

（1）用单动卡盘（俗称四爪卡盘）装夹

由于单动卡盘的四个卡爪各自独立运动，因此工件装夹时必须将加工部分的旋转中心找正到与车床主轴旋转中心重合后才可车削。

单动卡盘找正比较费时，但夹紧力较大，所以适用于装夹大型或形状不规则的工件。

单动卡盘可装成正爪或反爪两种形式，反爪用来装夹直径较大的工件。

（2）用自定心卡盘装夹

自定心卡盘的三个卡爪是同步运动的，能自动定心，工件装夹后一般不需找正，但较长的工件离卡盘远端的旋转中心不一定与车床主轴旋转中心重合，这时必须找正。卡盘使用时间较长而精度下降后，且工件加工部位的精度要求较高时，也需要找正。

自定心卡盘装夹工件方便、省时，但夹紧力没有单动卡盘大，所以适用于装夹外形规则的中、小型工件。

（3）用两顶尖装夹

对于较长的或必须经过多次装夹才能加工好的工件，如长轴、长丝杠等，或工序较多，在车削后还要铣削或磨削的工件，为了保证每次装夹时的装夹精度（如同轴度要求），可用两顶尖装夹。两顶尖装夹工件方便，不需找正，装夹精度高。

用两顶尖装夹工件，必须先在工件端面钻出中心孔。

（4）用一夹一顶装夹

用两顶尖装夹工件虽然精度高，但刚性较差。因此，车削一般轴类工件，尤其是较重的工件，不能用两顶尖装夹，而用一端夹住，另一端用后顶尖顶住的装夹方法。为了防止工件由于切削力作用而产生轴向位移，必须在卡盘内装一限位支承，或利用工件的阶台作限位。

这种装夹方法较安全，能承受较大的轴向切削力，因此应用很广泛。

后顶尖有固定顶尖和回转顶尖两种。固定顶尖刚性好，定心准确，但与中心孔间因产生滑动摩擦而发热过多，容易将中心孔或顶尖"烧坏"。因此，只适用于低速加工、精度要求较高的工件。

回转顶尖是将顶尖与中心孔间的滑动摩擦改成顶尖内部轴承的滚动摩擦，能在很高的转速下正常工作，克服了固定顶尖的缺点，因此应用很广泛。但回转顶尖存在一定的装配累积误差，以及当滚动轴承磨损后，会使顶尖产生跳动，从而降低加工精度。

4. 外圆表面加工方法

外圆表面的加工方法主要是车削和磨削。当表面粗糙度值要求较小时，还要经光整加工。

图 3-3 是外圆表面的加工方案。

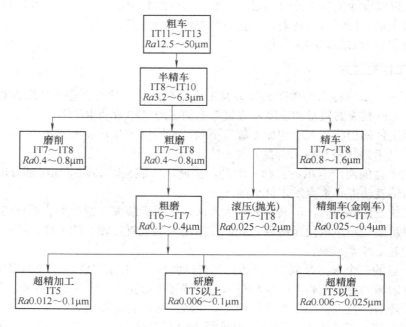

图 3-3　外圆表面的加工方案

1）最终工序为车削的加工方案，适用于除淬火钢以外的各种金属。

2）最终工序为磨削的加工方案，适用于淬火钢、未淬火钢和铸铁，不适用于有色金属，因其韧性大，磨削时易堵塞砂轮。

3）最终工序为精细车（金刚车）的加工方案，适用于要求较高的有色金属的精加工。

4）最终工序为光整加工，如研磨、超精磨及超精加工等，为提高生产率和加工质量，一般在光整加工前进行精磨。

5）对表面粗糙度值要求小，而尺寸精度要求不高的外圆，可通过滚压或抛光达到要求。

5. 圆杆尺寸的确定

在车削螺纹过程中，材料受到挤压会挤向牙尖，增大牙型高度，故一般车螺纹前圆杆直径应略小于螺纹公称直径（大径）。

一般情况：圆杆直径=d–0.13P；

脆性材料：圆杆直径=d–（0.08～0.1）P；

韧性材料：圆杆直径=d–（0.12～0.18）P；

式中，d 为螺纹公称直径（mm），P 为螺距（mm）。

3.1.4　操作创建

1. 绘制二维图形

1）启动 Mastercam。启动 Mastercam X6，按 F9 键，显示坐标系，屏幕显示如图 3-4 所示。

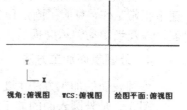

图 3-4　启动 Mastercam X6

友情提示

◇　绘图面和刀具面、屏幕视角可根据需要指定，系统默认为俯视图。

2）直径编程。如图 3-5 所示，单击状态栏"平面"按钮，选择菜单"车床直径"—"设置平面到+D+Z 相对于您的（WCS）"，屏幕左下角显示结果，如图 3-6 所示。

视角:俯视图　　WCS:俯视图　　绘图平面:+D+Z [俯视图]

图 3-5　直径编程设置　　　　　　　　图 3-6　直径编程屏幕显示

友情提示

◇　设置直径编程绘图时可避免尺寸换算，对后续操作以及数控加工程序（NC 代码）无影响。

3）绘制螺纹轴外形。除螺纹部位的圆杆尺寸外，其余均按图 3-1a 尺寸绘制螺纹轴外形图，绘图过程略，结果如图 3-7 所示。

友情提示

◇　通常将工件坐标系原点指定在工件（或毛坯）右端面的中心。
◇　只需绘制二维外形图，且只画 1/2 即可。
◇　圆杆直径 $=d-0.13P=$（$20-0.13 \times 1.5$）mm=19.8 mm。

4）绘制毛坯。绘制毛坯外形（双点画线），结果如图 3-8 所示。

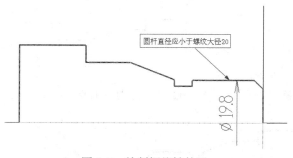

圆杆直径应小于螺纹大径20

图 3-7　绘制螺纹轴外形

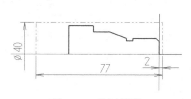

图 3-8　毛坯外形

友情提示

◇　毛坯尺寸需依据工序余量确定。

2. 选择机床

单击菜单"机床类型"—"车削"—"默认",结果如图 3-9 所示。

3. 材料设置

1)单击图 3-9 所示"操作管理"对话框中的◆ 材料设置,系统弹出"机器群组属性"对话框,按图 3-10 所示设置,单击"参数"按钮 **参数** 。

图 3-9 选择机床

图 3-10 "机器群组属性"对话框

2)系统弹出"机床组件管理-材料"对话框,如图 3-11 所示,单击"由两点产生"按钮 由两点产生⑵... 。

3)根据屏幕提示,依次选择定义圆柱体的第一点、第二点,如图 3-12 所示。

4)系统返回"机床组件管理-材料"对话框,单击确定按钮 ✓ ,系统返回"机器群组属性"对话框,单击确定按钮 ✓ ,完成材料设置,结果如图 3-13 所示。

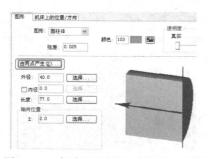

图 3-11 "机床组件管理-材料"对话框

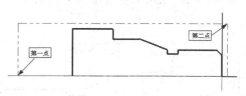

图 3-12 定义圆柱体的两点

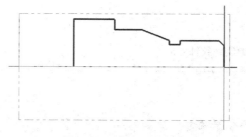

图 3-13 材料设置结果

4. 车端面

1）单击"刀具路径"—"车端面"，系统弹出"输入新 NC 名称"对话框，如图 3-14 所示，单击确定按钮 ✓ ，系统弹出"车床-车端面 属性"对话框，如图 3-15 所示。

2）在"车床-车端面 属性"对话框的"刀具路径参数"选项卡中双击 T3131 刀具图标，如图 3-15 所示，系统弹出"定义刀具"对话框，如图 3-16 所示，单击"参数"选项卡，设置"刀具号码"为 1、"刀具补正号码"为 1、"刀塔号码"为 1，单击"根据材料计算"按钮 C 根据材料计算 ，系统自动计算切削参数，单击确定按钮 ✓ 。

图 3-14　"输入新 NC 名称"对话框

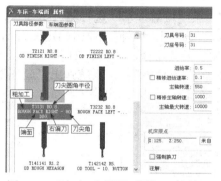

图 3-15　"车床-车端面 属性"对话框

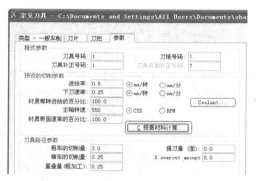

图 3-16　"定义刀具"对话框

3）系统返回"车床-车端面属性"对话框，系统自动加载修改后的刀具号和切削参数，如图 3-17 所示。

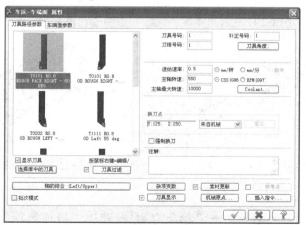

图 3-17　"车床-车端面属性"对话框

4）单击"车端面参数"选项卡，系统显示"车端面参数"选项卡对话框，按图 3-18 所示设置参数，勾选 ⊙ S选点 ，单击"选点"按钮 S选点 。

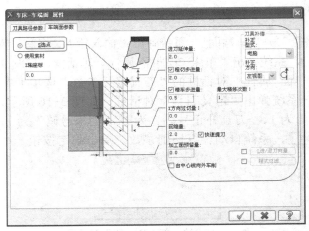

图 3-18　"车端面参数"选项卡对话框

5）系统提示"选择第一边界点，再选择第一点"，系统接着提示"选择第二边界点，再选择第二点"，如图 3-19 所示，系统返回"车端面参数"选项卡对话框，单击确定按钮 ✓ 。

6）完成车端面操作创建，如图 3-20 所示，产生加工刀具路径，如图 3-21 所示。

7）实体验证。单击"操作管理"对话框中的实体加工验证按钮 🖿 ，系统弹出"验证"对话框，单击 ▶ 按钮，模拟结果如图 3-22 所示，单击确定按钮 ✓ ，结束实体验证。

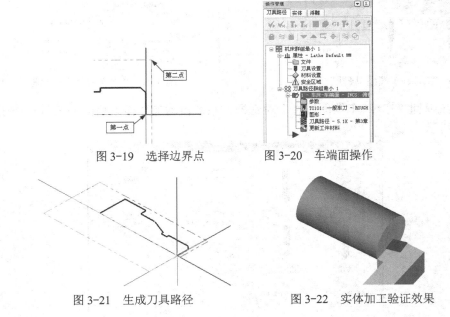

图 3-19　选择边界点　　　　图 3-20　车端面操作

图 3-21　生成刀具路径　　　　图 3-22　实体加工验证效果

5. 粗车外圆

1）粗车。单击"刀具路径"—"粗车"，系统弹出"串连选项"对话框，如图 3-23 所示。

2）串连外形。单击图 3-23"串连选项"对话框中的部分串连按钮 ◯◯ ，按图 3-24 所示步骤选择外形边界，单击"串连选项"对话框中的确定按钮 ✓ ，系统弹出"车床粗加工 属性"对话框，如图 3-25 所示。

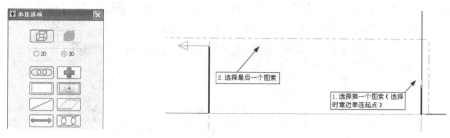

图 3-23　"串连选项"对话框　　　　　　　　图 3-24　串连外形

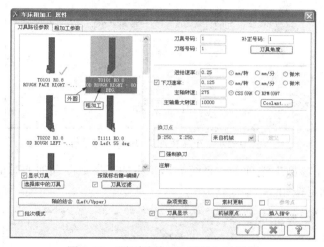

图 3-25　"车床粗加工 属性"对话框

3）在"车床粗加工 属性"对话框的"刀具路径参数"选项卡中双击 T0101 外圆车刀图标，如图 3-25 所示，系统弹出"定义刀具"对话框，如图 3-26 所示，单击"参数"选项卡，设置"刀具号码"为 2、"刀具补正号码"为 2、"刀塔号码"为 2，单击确定按钮 ✓ 。

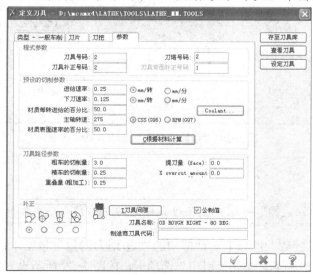

图 3-26　"定义刀具"对话框

4）系统返回"车床粗加工 属性"对话框，系统自动加载修改后的刀具号和补正号，如图 3-27 所示，设置"进给速率"为 0.5、"主轴转速"为 275。

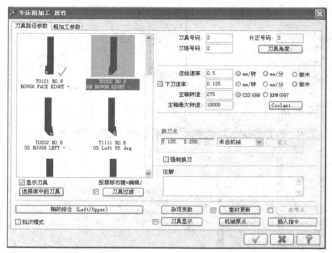

图 3-27 "车床粗加工 属性"对话框

5）单击"粗加工参数"选项卡，系统显示"粗加工参数"选项卡对话框，按图 3-28 所示设置参数，单击确定按钮 ✓ 。

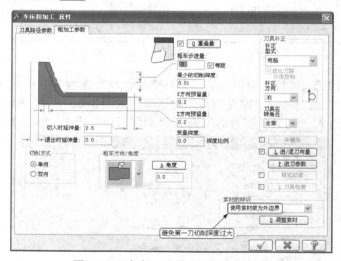

图 3-28 "粗加工参数"选项卡对话框

友情提示

◇ "使用素材做为外边界"是根据毛坯边界确定切削位置，避免第一刀切削深度过大。

6）单击"粗加工参数"选项卡对话框中的"进/退刀向量"按钮，系统显示"进退/刀参数"对话框，如图 3-29 所示。单击"引出"选项卡，按图 3-29 所示设置参数，单击确定按钮 ✓ ，返回"粗加工参数"选项卡对话框，单击确定按钮 ✓ 。

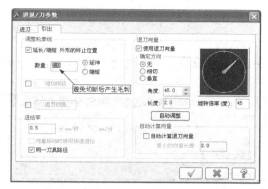

图 3-29　"进退/刀参数"对话框

友情提示

✧ 引出延长是避免切断后产生毛刺。

7）完成粗车外圆操作创建，如图 3-30 所示，粗加工刀具路径如图 3-31 所示。

图 3-30　粗车外圆操作

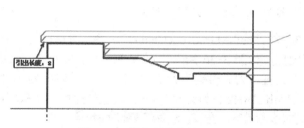

图 3-31　粗车刀具路径

8）实体验证。在"操作管理"对话框中单击选择所有操作按钮，单击"操作管理"对话框中的实体加工验证按钮，系统弹出"验证"对话框，单击▶按钮，模拟结果如图 3-32 所示，单击确定按钮，结束实体验证。

图 3-32　粗车实体加工验证

6. 切槽

1）径向车削。单击"刀具路径"—"车床径向车削刀具路径"，系统弹出"径向车削的切槽选项"对话框，按图 3-33 所示设置，单击确定按钮 ，系统弹出"串连选项"对话框，如图 3-34 所示。

图 3-33 "径向车削的切槽选项"对话框

2）串连外形。单击图 3-34 中的部分串连按钮 ，按图 3-35 所示步骤选择外形边界，单击"串连选项"对话框中的确定按钮 ，系统弹出"Lathe Groove（Chain）属性"对话框，如图 3-36 所示。

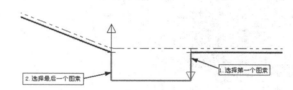

图 3-34 "串连选项"对话框　　　　　图 3-35 串连外形

3）在"Lathe Groove（Chain）属性"对话框的"刀具路径参数"选项卡中双击 T4141 外圆槽刀图标，如图 3-36 所示，系统弹出"定义刀具"对话框，如图 3-37 所示。单击"参数"选项卡，设置"刀具号码"为3、"刀具补正号码"为3、"刀塔号码"为3、"刀具背面补正号码"为3，单击"根据材料计算"按钮 ，系统自动计算切削参数，单击确定按钮 。

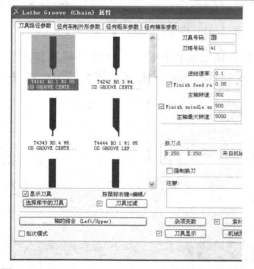

图 3-36 "Lathe Groove（Chain）属性"对话框　　　图 3-37 "定义刀具"对话框

4）系统返回"Lathe Groove（Chain）属性"对话框，系统自动加载修改后的刀具号和切削参数，如图 3-38 所示。

5）单击"径向车削外形参数"选项卡，系统显示"径向车削外形参数"选项卡对话框，按图 3-39 所示设置参数。

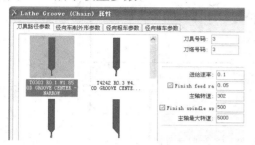

图 3-38 "Lathe Groove （Chain）属性"对话框

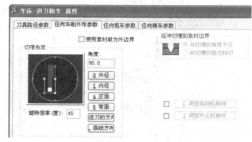

图 3-39 "径向车削外形参数"选项卡对话框

6）单击"径向粗车参数"选项卡，系统显示"径向粗车参数"选项卡对话框，按图 3-40 所示设置参数。

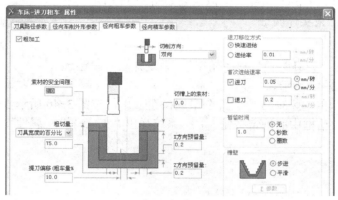

图 3-40 "径向粗车参数"选项卡对话框

7）单击"径向精车参数"选项卡，系统显示"径向精车参数"选项卡对话框，按图 3-41 所示设置参数，单击确定按钮 ✔ 。

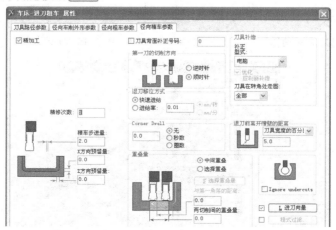

图 3-41 "径向精车参数"选项卡对话框

8）完成外圆切槽操作创建，如图 3-42 所示，外圆切槽刀具路径如图 3-43 所示。

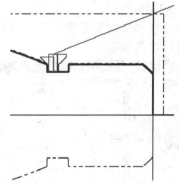

图 3-42 外圆切槽操作 　　　　　　　　　图 3-43 外圆切槽刀具路径

9）实体验证。在"操作管理"对话框中单击选择所有操作按钮 ，单击"操作管理"对话框中的实体加工验证按钮 ，系统弹出"验证"对话框，单击 ▶ 按钮，模拟结果如图 3-44 所示，单击确定按钮 ，结束实体验证。

图 3-44 切槽实体加工验证

7. 精车外圆

1）精车。单击"刀具路径"—"精车"，系统弹出"串连选项"对话框，如图 3-45 所示。

2）串连外形。单击图 3-45 中的部分串连按钮 ，按图 3-46 所示步骤选择外形边界，单击"串连选项"对话框中的确定按钮 ，系统弹出"车床-精车 属性"对话框，如图 3-47 所示。

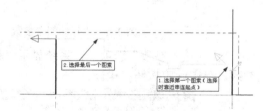

图 3-45 "串连选项"对话框 　　　　　　　图 3-46 串连外形

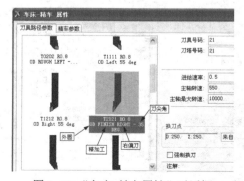

图 3-47 "车床-精车属性"对话框

3）在"车床-精车 属性"对话框的"刀具路径参数"
选项卡中双击 T2121 外圆精车刀图标，如图 3-47 所示，
系统弹出"定义刀具"对话框，如图 3-48 所示。单击
"参数"选项卡，设置"刀具号码"为 4、"补正号码"
为 4、"刀塔号码"为 4，单击确定按钮 $\boxed{\checkmark}$ 。

4）系统返回"车床-精车 属性"对话框，系统自
动加载修改后的刀具号和补正号，如图 3-49 所示，设
置"进给速率"为 0.2、"主轴转速"为 550。

图 3-48　"定义刀具"对话框

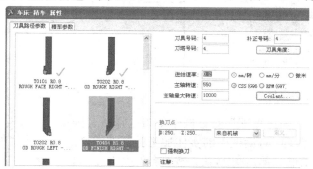

图 3-49　"车床-精车属性"对话框

5）单击"精车参数"选项卡，系统显示"精车参数"选项卡对话框，按图 3-50 所示设
置参数，单击确定按钮 $\boxed{\checkmark}$ 。

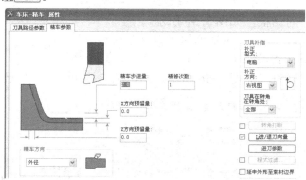

图 3-50　"精车参数"选项卡对话框

6）单击"精车参数"选项卡对话框中的"进/退刀向量"按钮，系统显示"进退/刀参数"
对话框，如图 3-51 所示。单击"引出"选项卡，按图 3-51 所示设置参数，单击确定按钮 $\boxed{\checkmark}$ ，
返回"精车参数"选项卡对话框，单击确定按钮 $\boxed{\checkmark}$ 。

图 3-51　"进退/刀参数"对话框

友情提示

◇ 为避免精加工撞刀，其引出延长应略小于粗加工。

7）完成精车外圆操作创建，如图 3-52 所示，精车刀具路径如图 3-53 所示。

图 3-52　精车外圆操作

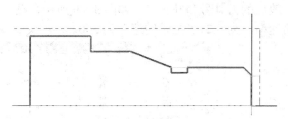

图 3-53　精车刀具路径

8）实体验证。在"操作管理"对话框中单击选择所有操作按钮 ✎，单击"操作管理"对话框中的实体加工验证按钮 ◉，系统弹出"验证"对话框，单击 ▶ 按钮，模拟结果如图 3-54 所示，单击确定按钮 ✓，结束实体验证。

8. 车螺纹

1）车螺纹。单击"刀具路径"—"车螺纹"，系统弹出"车床-车螺纹 属性"对话框，如图 3-55 所示。

2）在"车床-车螺纹 属性"对话框的"刀具路径参数"选项卡中选择 T9494 外圆螺纹车刀，如图 3-55 所示，系统弹出"修正刀具设定"对话框，如图 3-56 所示，单击确定按钮 ✓，关闭对话框。

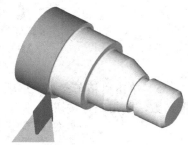

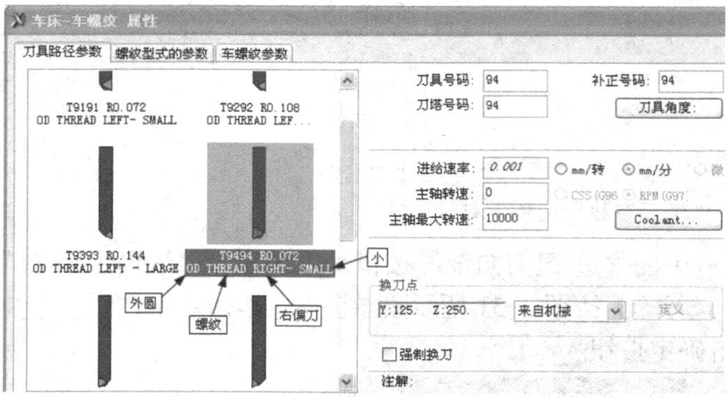

图 3-54　精车外圆实体加工验证

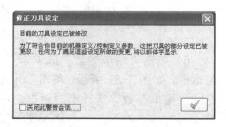

图 3-55　"车床-车螺纹 属性"对话框

图 3-56　"修正刀具设定"对话框

3）设置刀具路径参数。在"车床-车螺纹 属性"对话框中的"刀具路径参数"选项卡中设置参数，如图 3-57 所示，"刀具号码"为 5，"补正号码"为 5，"刀塔号码"为 5，"主轴转速"为 200，单击"螺纹型式的参数"选项卡。

4）系统显示"螺纹型式的参数"选项卡对话框，按图 3-58 所示步骤操作，最后单击"车螺纹参数"选项卡。

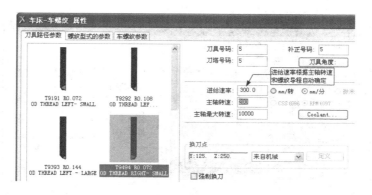

图 3-57　设置刀具路径参数

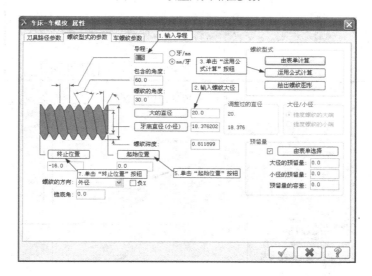

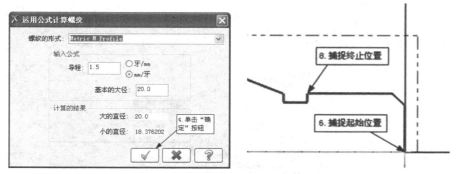

图 3-58　设置螺纹型式的参数

5）系统显示"车螺纹参数"选项卡对话框，按图 3-59 所示设置参数，单击确定按钮 $\boxed{\checkmark}$ 。

6）完成车螺纹操作创建，如图 3-60 所示，车螺纹刀具路径如图 3-61 所示。

7）实体验证。在"操作管理"对话框中单击选择所有操作按钮 ，单击"操作管理"对话框中的实体加工验证按钮 ，系统弹出"验证"对话框，单击 $\boxed{\blacktriangleright}$ 按钮，模拟结果如图 3-62 所示，单击确定按钮 $\boxed{\checkmark}$ ，结束实体验证。

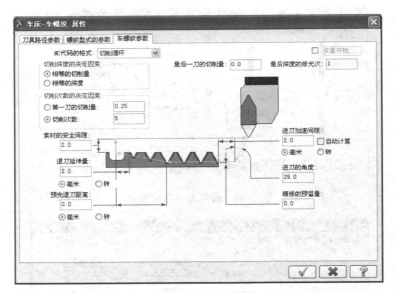

图 3-59　设置车螺纹参数

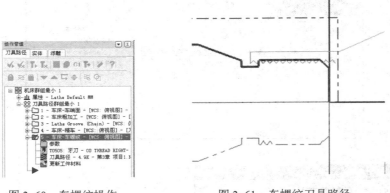

图 3-60　车螺纹操作　　　　　　　图 3-61　车螺纹刀具路径

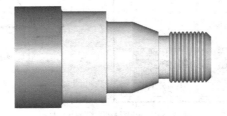

图 3-62　车螺纹实体加工验证

9. 切断

1）切断。单击"刀具路径"—"截断"，系统提示"选择截断的边界点"，选择图 3-63 所示边界点。

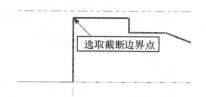

图 3-63　选择截断的边界点

2）系统弹出"车床-截断 属性"对话框，在"刀具路径参数"选项卡中选择 T151151 外圆截断车刀，如图 3-64 所示。

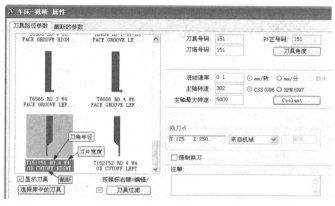

图 3-64　选择截断刀具

3）双击 T151151 刀具图标，如图 3-64 所示，系统弹出"定义刀具"对话框，如图 3-65 所示，单击"参数"选项卡，设置"刀具号码"为 6、"刀具补正号码"为 6、"刀塔号码"为 6，单击"根据材料计算"按钮 ，系统自动计算切削参数，单击确定按钮 。

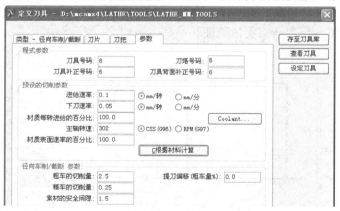

图 3-65　"定义刀具"对话框

4）系统返回"车床-截断 属性"对话框，并自动加载修改后的刀具号和切削参数，如图 3-66 所示。

5）单击"截断的参数"选项卡，系统显示"截断的参数"选项卡对话框，按图 3-67 所示设置参数，单击确定按钮 。

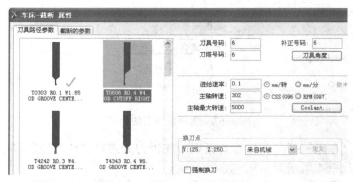

图 3-66　刀具路径参数

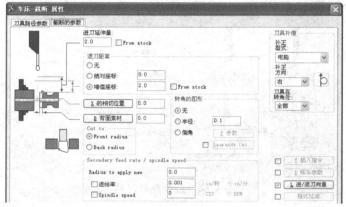

图 3-67　截断的参数

6）完成截断操作创建，如图 3-68 所示，产生加工刀具路径，如图 3-69 所示。

7）实体验证。在"操作管理"对话框中单击选择所有操作按钮 ，单击"操作管理"对话框中的实体加工验证按钮 ，系统弹出"验证"对话框，单击 按钮，模拟结果如图 3-70 所示，单击确定按钮 ，结束实体验证。

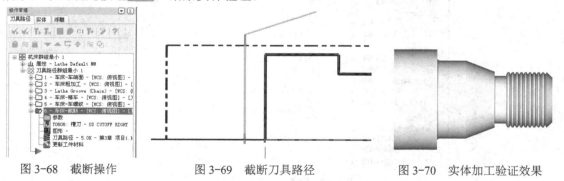

图 3-68　截断操作　　　　图 3-69　截断刀具路径　　　　图 3-70　实体加工验证效果

10. 后处理

1）在"操作管理"对话框中单击选择所有的操作按钮 ，选择所有操作，单击"操作管理"对话框中后处理按钮 G1，弹出"后处理程式"对话框，如图 3-71 所示。

2）勾选"NC 文件"选项及其下的"编辑"复选框，然后单击确定按钮 ，弹出"另存为"对话框，选择合适的目录后，单击确定按钮 ，打开"Mastercam X 编辑器"对话框，得到所需的 NC 代码，如图 3-72 所示。

图 3-71　"后处理程式"对话框

图 3-72　NC 代码

3）关闭"Mastercam X 编辑器"对话框，保存 Mastercam 文件，退出系统。

3.2　实例 2——套筒数控车削加工

3.2.1　零件介绍

套筒零件图如图 3-73a 所示，完成后的实体模型（剖视）如图 3-73b 所示。

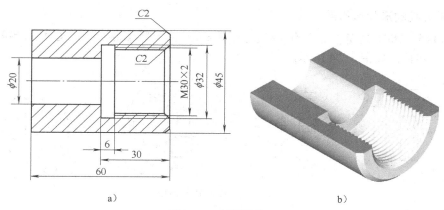

a)　　　　　　　　　　　　　　　　　　b)

图 3-73　套筒零件

a）零件图　b）实体模型（剖视）

3.2.2　工艺分析

1. 零件形状和尺寸分析

该零件为回转体，直径为 45mm，长为 60mm，通孔直径为 20mm，内螺纹 M30×2。

2. 毛坯尺寸

该零件尺寸未注公差，精度要求不高，端面粗车即可，外圆可分粗车和精车。

一般粗车直径余量为 1.5～4mm，半精车直径余量为 0.5～2.5mm，精车直径余量为 0.2～1.0mm，根据毛坯直径=工件直径+粗加工余量+精加工余量，可确定毛坯直径为 50mm。

端面余量取 2mm 比较合适，同时考虑卡盘装夹长度约 15mm，截断尺寸 4mm，根据毛坯长度=工件长度+端面余量+卡盘夹持部分长度+截断宽度，可确定毛坯长度为 82mm。

故毛坯尺寸为 ϕ 50mm×82mm。

3. 工件装夹

由于工件尺寸不大，可采用自定心卡盘装夹。

4. 加工方案

首先根据毛坯尺寸下料，然后在数控车床上进行加工，具体数控加工工艺路线如下：

1）车端面。

2）钻中心孔。

3）钻孔。

4）粗车外圆。

5）粗镗内孔。

6）精车外圆。

7）精镗内孔。

8）切槽。

9）车螺纹。

10）切断。

3.2.3 相关知识

1. 中心孔的形状和作用

GB/T145—2001 规定中心孔有 A 型（不带护锥）、B 型（带护锥）、C 型（带螺孔）和 R 型（弧形）四种，如图 3-74 所示。

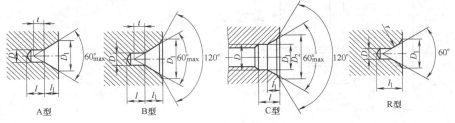

图 3-74 中心孔的形状

A 型中心孔由圆锥孔和圆柱孔两部分组成。圆锥孔的圆锥角一般为 60°（重型工件用 90°），它与顶尖锥面配合，起定心作用并承受工件的重量和切削力；圆柱孔可储存润滑油，并可防止顶尖头触及工件，保证顶尖锥面和中心孔锥面配合贴切，以达到正确定中心。精度要求一般的工件采用 A 型。

B 型中心孔是在 A 型中心孔的端部再加 120° 的圆锥面，用以保护 60° 锥面不致碰毛，并使工件端面容易加工。B 型中心孔适用于精度要求较高、工序较多的工件。

C 型中心孔是在 B 型中心孔的 60° 锥孔后加一短圆柱孔（保证攻螺纹时不碰毛 60° 锥孔），后面有一内螺纹。当需要把其他零件轴向固定在轴上时，可采用 C 型中心孔。

R 型中心孔的形状与 A 型中心孔相似，只是将 A 型中心孔的 60° 圆锥改成圆弧面。这样与顶尖锥面的配合变成线接触，在轴类工件装夹时，能自动纠正少量的位置偏差。

中心孔的尺寸以圆柱孔直径 D 为标准。直径 6.3mm 以下的中心孔常用高速钢制成的中心钻直接钻出。

2. 孔加工固定循环指令

孔加工固定循环指令见表 3-1。

表 3-1　孔加工固定循环指令

G 指 令	加工动作（Z 向）	在孔底部的动作	回退动作（Z 向）	用 途
G73	间歇进给	—	快速进给	高速钻深孔
G74	切削进给	主轴正转	切削进给	反转攻螺纹
G76	切削进给	主轴定向停止	快速进给	精镗循环
G80	—	—	—	取消固定循环
G81	切削进给	—	快速进给	定点钻循环
G82	切削进给	暂停	快速进给	钻不通孔
G83	间歇进给	—	快速进给	深孔钻
G84	切削进给	主轴反转	切削进给	攻螺纹
G85	切削进给	—	切削进给	镗循环
G86	切削进给	主轴停止	切削进给	镗循环
G87	切削进给	主轴停止	手动或快速	反镗循环
G88	切削进给	暂停、主轴停止	手动或快速	镗循环
G89	切削进给	暂停	切削进给	镗循环

3. 螺纹底孔直径的确定

螺纹底孔直径的确定见表 3-2。

表 3-2　普通螺纹钻底孔的钻头尺寸表　　　　　　　　　　（单位：mm）

钻底孔钻头直径的计算公式：	【说明】普通螺纹代号为"M"，牙型角 α 为 60°，一般联接多用粗牙，细牙用于薄壁零件，细牙的自锁性能较好，螺纹强度削弱少，但易滑扣

$P<1$ 时，$d_T=d-p$

$P>1$ 时，$d_T \approx d-(1.04\text{-}1.08)P$

式中　P—螺距（mm）

$\quad\quad d$—螺纹公称直径（mm）

$\quad\quad d_T$—攻螺纹前钻头直径（mm）

螺纹直径 d	螺距 P		螺纹 d 径		推荐钻头直径 d_T	螺纹直径 d	螺距 P		螺纹 d 径		推荐钻头直径 d_T
			Max	Min					Max	Min	
M2	粗	0.4	1.677	1.567	1.6	M12	粗	1.75	10.386	10.106	10.2
	细	0.25	1.809	1.729	1.75		细	1.5	10.626	10.376	10.5
M3	粗	0.5	2.599	2.459	2.5			1.25	10.867	10.647	10.7
	细	0.35	2.721	2.621	2.65			1	11.118	10.918	11.0
M4	粗	0.7	3.422	3.242	3.3	M16	粗	2	14.135	13.835	13.9
	细	0.5	3.599	3.459	3.5		细	1.5	14.626	14.376	14.5
M5	粗	0.8	4.334	4.134	4.2			1	15.118	14.918	15.0
	细	0.5	4.599	4.459	4.5	M20	粗	2.5	17.634	17.294	17.4
M6	粗	1	5.118	4.918	5.0		细	2	18.135	17.835	17.9
	细	0.75	5.378	5.118	5.2			1.5	18.626	18.376	18.5
M8	粗	1.25	6.887	6.647	6.7			1	19.118	18.918	19.0
	细	1	7.118	6.918	7.0	M24	粗	3	21.132	20.752	20.9
		0.75	7.378	7.118	7.2		细	2	22.135	21.835	21.9
M10	粗	1.5	8.626	8.376	8.5			1.5	22.626	22.376	22.5
	细	1.25	8.867	8.647	8.7			1	23.118	22.918	23.0
		1	9.118	8.918	9.0	M27	粗	3	24.132	23.752	23.9
		0.75	9.378	9.118	9.2		细	2	25.135	24.835	24.9

（续）

螺纹直径 d	螺距 P		螺纹 d 径		推荐钻头直径 d_T	螺纹直径 d	螺距 P		螺纹 d 径		推荐钻头直径 d_T
			Max	Min					Max	Min	
M27	细	1.5	25.626	25.376	25.5	M39	细	3	36.132	35.752	35.9
		1	26.118	25.918	26.0			2	37.135	36.835	36.9
M30	粗	3.5	26.631	26.211	26.3			1.5	37.626	37.376	37.5
	细	3	26.9	26.88	26.7	M42	粗	4.5	37.679	37.129	37.3
		2	28.135	27.835	27.9		细	3	39.132	38.752	38.9
		1.5	28.626	28.376	28.5			2	40.135	39.835	39.9
		1	29.118	28.918	29.0			1.5	40.626	40.376	40.5
M33	粗	3.5	29.631	29.211	29.3	M45	粗	4.5	40.679	40.129	40.3
	细	2	31.135	30.835	30.9		细	3	42.132	41.132	41.9
		1.5	31.626	31.376	31.8			2	43.135	42.835	42.9
M36	粗	4	32.15	31.67	3.18			1.5	43.626	43.376	4.35
	细	3	33.132	32.752	32.9	M48	粗	5	43.118	42.588	42.7
		2	34.135	33.835	33.9		细	3	45.132	44.752	44.8
		1.5	34.626	34.376	34.5			2	46.135	45.835	45.9
M39	粗	4	35.15	34.67	34.8			1.5	46.626	46.376	46.5

3.2.4　操作创建

1. 绘制二维图形

1）启动 Mastercam。启动 Mastercam X6，按 F9 键，显示坐标系，屏幕显示如图 3-75 所示。

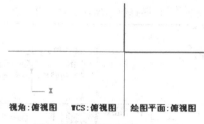

视角：俯视图　　WCS：俯视图　　绘图平面：俯视图

图 3-75　启动 Mastercam X6

2）直径编程。如图 3-76 所示，单击状态栏"平面"按钮，选择菜单"车床直径"—"设置平面到+D+Z 相对于您的（WCS）"，屏幕左下角显示结果如图 3-77 所示。

图 3-76　直径编程设置

视角：俯视图　　WCS：俯视图　　绘图平面：+D+Z [俯视图]

图 3-77　直径编程屏幕显示

3）绘制套筒外形。除螺纹部位的底孔尺寸外，其余均按图 3-73a 尺寸绘制，绘图过程略，结果如图 3-78 所示。

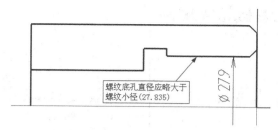

图 3-78　绘制套筒外形

4）绘制毛坯。绘制毛坯外形（双点画线），结果如图 3-79 所示。

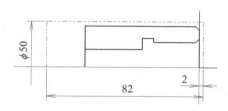

图 3-79　毛坯外形

2. 选择机床

单击菜单"机床类型"—"车削"—"默认"，结果如图 3-80 所示。

图 3-80　选择机床

3. 材料设置

1）单击图 3-80 所示"操作管理"对话框中 ◇ 材料设置，系统弹出"机器群组属性"对话框，按图 3-81 所示设置，单击"参数"按钮 参数 。

2）系统弹出"机床组件管理-材料"对话框，如图 3-82 所示，单击"由两点产生"按钮 由两点产生⑵...。

图 3-81 "机器群组属性"对话框   图 3-82 "机床组件管理-材料"对话框

3）根据屏幕提示，如图 3-83 所示，依次选择定义圆柱体的第一点、第二点。

4）系统返回"机床组件管理-材料"对话框，单击确定按钮 ✓ ，系统返回"机器群组属性"对话框，单击确定按钮 ✓ ，完成材料设置，结果如图 3-84 所示。

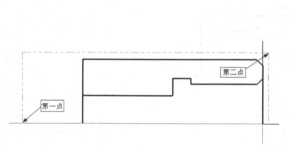

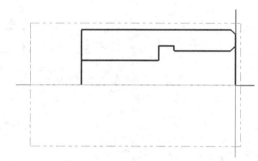

图 3-83 定义圆柱体的两点   图 3-84 材料设置结果

4. 车端面

1）单击"刀具路径"—"车端面"，系统弹出"输入新 NC 名称"对话框，如图 3-85 所示，单击确定按钮 ✓ ，系统弹出"车床-车端面 属性"对话框，如图 3-86 所示。

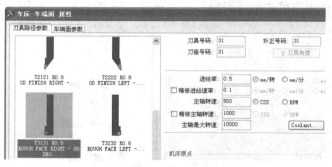

图 3-85 "输入新 NC 名称"对话框   图 3-86 "车床-车端面 属性"对话框

2）在"车床-车端面 属性"对话框的"刀具路径参数"选项卡中双击 T3131 刀具图标，如图 3-86 所示，系统弹出"定义刀具-机床群组最小 1"对话框，如图 3-87 所示。单击"参数"选项卡，设置"刀具号码"为 1、"刀具补正号码"为 1，"刀塔号码"为 1，单击"根据材料计算"按钮 C根据材料计算 ，系统自动计算切削参数，单击确定按钮 ✓ 。

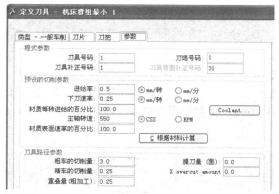

图 3-87 "定义刀具-机床群组最小 1"对话框

3）系统返回"车床-车端面 属性"对话框，系统自动加载修改后的刀具号和切削参数，如图 3-88 所示。

图 3-88 "车床-车端面 属性"对话框

4）单击"车端面参数"选项卡，系统显示"车端面参数"选项卡对话框，按图 3-89 所示设置参数，勾选 ⊙ S选点，单击"选点"按钮 S选点。

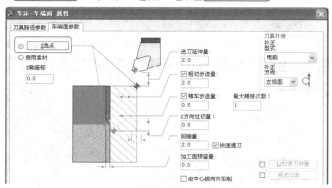

图 3-89 "车端面参数"选项卡对话框

5）系统提示"选择第一边界点，再选择第一点"，接着系统"提示选择第二边界点，再选择第二点"，如图 3-90 所示，系统返回"车端面参数"选项卡对话框，如图 3-89 所示，单击确定按钮 ☑ 。

6）完成车端面操作创建，如图 3-91 所示，产生加工刀具路径，如图 3-92 所示。

7）实体验证。在"操作管理"对话框中选择车端面操作，单击实体加工验证按钮 ◉ ，系统弹出"验证"对话框，单击 ▶ 按钮，模拟结果如图 3-93 所示，单击确定按钮 ☑ ，结束实体验证。

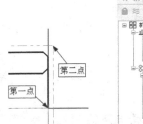  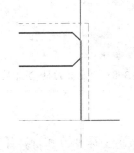 

图 3-90　选择边界点　　图 3-91　车端面操作　　图 3-92　生成刀具路径　　图 3-93　实体加工验证效果

5. 钻中心孔

1）单击"刀具路径"—"钻孔"，系统弹出"车床-钻孔 属性"对话框，如图 3-94 所示。

2）选择中心钻。在"车床-钻孔 属性"对话框的"刀具路径参数"选项卡中双击 T115115 刀具图标，如图 3-94 所示，系统弹出"定义刀具-机床群组最小 1"对话框，如图 3-95 所示，单击"参数"选项卡，设置"刀具号码"为 2、"刀具补正号码"为 2、"刀塔号码"为 2，单击确定按钮 ☑ 。

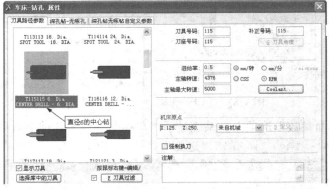

图 3-94　"车床-钻孔 属性"对话框

图 3-95　"定义刀具-机床群组最小 1"对话框

3）系统返回"车床-钻孔 属性"对话框，系统自动加载修改后的刀具号和补正号，如图 3-96 所示，设置"进给率"为 0.12、"主轴转速"为 600。

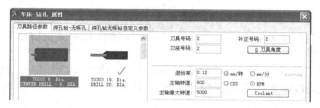

图 3-96　"车床-钻孔 属性"对话框

友情提示

◇　进给率、主轴转速可查切削用量手册确定。
◇　在实际加工过程中，操作者可通过机床操作面板上的旋钮及时调整主轴转速和进给率。

4）单击"深孔钻-无啄孔"选项卡，系统显示"深孔钻-无啄孔"选项卡对话框，按图 3-97 所示设置参数，单击确定按钮 ✓。

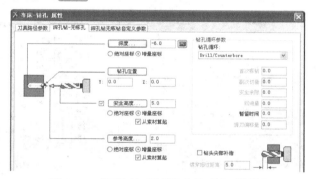

图 3-97　"深孔钻-无啄孔"选项卡对话框

操作技巧

◇　深度、钻孔位置等可直接输入参数，也可单击"深度""钻孔位置"等按钮，再在屏幕上选取点确定。

5）完成钻中心孔操作创建，如图 3-98 所示，产生加工刀具路径，如图 3-99 所示。

图 3-98　钻中心孔操作

图 3-99　钻中心孔刀具路径

友情提示

✧ 中心孔的深度过大过小均不合适，请参考图 3-74 中心孔的形状。
✧ 钻中心孔的目的是为后续的钻孔引导钻头，以保证钻孔的位置精度。

6）实体验证。在"操作管理"对话框中单击选择所有操作按钮 ▦，单击实体加工验证按钮 ◉，系统弹出"验证"对话框，单击机床 ▶ 按钮，模拟结果如图 3-100 所示，单击确定按钮 ✓，结束实体验证。

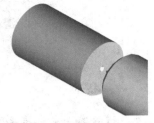

图 3-100　实体加工验证效果

6. 钻孔

1）单击"刀具路径"—"钻孔"，系统弹出"车床-钻孔 属性"对话框，如图 3-101 所示。

2）选择钻头。在"车床-钻孔 属性"对话框的"刀具路径参数"选项卡中双击 T126126 刀具图标，如图 3-101 所示，系统弹出"定义刀具-机床群组最小 1"对话框，单击"刀具"选项卡，修改"刀具直径"为 19.0，如图 3-102 所示。

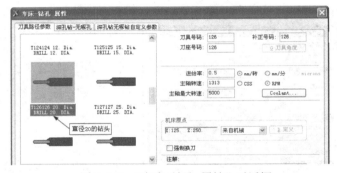

图 3-101　"车床-钻孔 属性"对话框

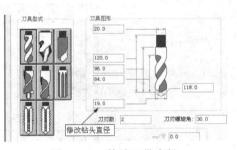

图 3-102　修改刀具直径

3）在"定义刀具-机床群组最小 1"对话框中单击"参数"选项卡，系统弹出"参数"选项卡对话框，如图 3-103 所示，设置"刀具号码"为 3、"刀具补正号码"为 3、"刀塔号码"为 3，单击确定按钮 ✓。

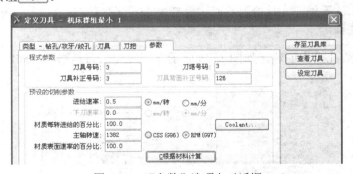

图 3-103　"参数"选项卡对话框

4）系统返回"车床-钻孔 属性"对话框，系统自动加载修改后的刀具号和补正号，如图

3-104 所示，设置"进给率"为 0.2、"主轴转速"为 250。

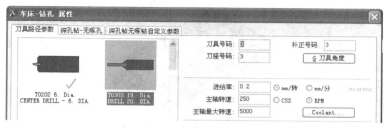

图 3-104　"车床-钻孔属性"对话框

5）单击"深孔钻-无啄孔"选项卡，系统显示"深孔钻-无啄孔"选项卡对话框，按图 3-105 所示设置参数，单击确定按钮 ✓ 。

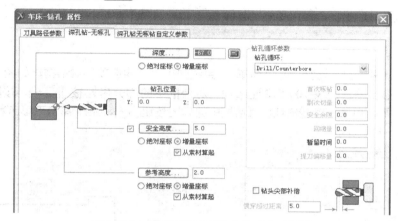

图 3-105　"深孔钻-无啄孔"选项卡对话框

6）完成钻孔操作创建，如图 3-106 所示，产生加工刀具路径，如图 3-107 所示。

图 3-106　钻孔操作

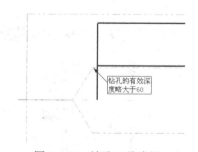

图 3-107　钻孔刀具路径

友情提示

◇　钻孔的有效深度应略大于孔的长度，否则重新设置深度参数。

7）实体验证。在"操作管理"对话框中单击选择所有操作按钮 ✍ ，单击实体加工验证按钮 ⬤ ，系统弹出"验证"对话框，单击机床 ▶ 按钮，模拟结果如图 3-108 所示，单击确定按

钮 ，结束实体验证。

图 3-108　钻孔实体加工验证

友情提示

◇ 单击"验证"对话框中的截断材料按钮，可获得实体验证剖切效果。

7. 粗车外圆

1）粗车。单击"刀具路径"—"粗车"，系统弹出"串连选项"对话框，如图 3-109 所示。

2）串连外形。单击图 3-109"串连选项"对话框中的部分串连按钮，按图 3-110 所示步骤选择外形边界，单击"串连选项"对话框中的确定按钮 ，系统弹出"车床粗加工 属性"对话框，如图 3-111 所示。

图 3-109　"串连选项"对话框

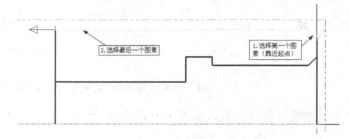

图 3-110　串连外形

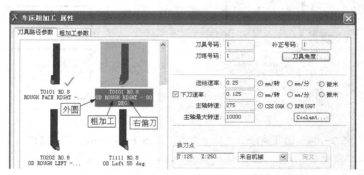

图 3-111　"车床粗加工 属性"对话框

3）在"车床粗加工 属性"对话框的"刀具路径参数"选项卡中双击 T0101 外圆车刀图标，如图 3-111 所示，系统弹出"定义刀具"对话框，如图 3-112 所示，单击"参数"选项卡，设置"刀具号码"为 4、"刀具补正号码"为 4、"刀塔号码"为 4，单击确定按钮 。

图 3-112　"参数"选项卡对话框

4）系统返回"车床粗加工 属性"对话框，系统自动加载修改后的刀具号码和补正号码，如图 3-113 所示，设置"进给速率"为 0.5、"主轴转速"为 275。

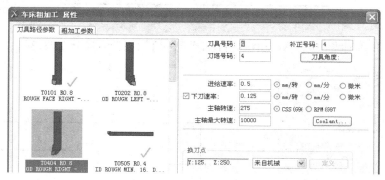

图 3-113　"车床粗加工 属性"对话框

5）单击"粗加工参数"选项卡，系统显示"粗加工参数"选项卡对话框，按图 3-114 所示设置参数，单击确定按钮 ✓ 。

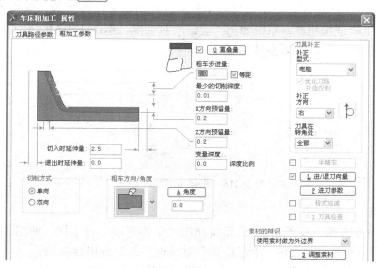

图 3-114　"粗加工参数"选项卡对话框

6）单击"粗加工参数"选项卡对话框中的"进/退刀向量"按钮，系统显示"进退/刀参数"对话框，如图 3-115 所示。单击"引出"选项卡，按图 3-115 所示设置参数，单击确定按钮 √，返回"粗加工参数"选项卡对话框，单击确定按钮 √。

图 3-115 "进退/刀参数"对话框

7）完成粗车外圆操作创建，如图 3-116 所示，粗加工刀具路径如图 3-117 所示。

图 3-116 粗车外圆操作

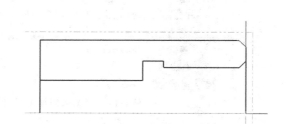

图 3-117 粗车刀具路径

8）实体验证。在"操作管理"对话框中单击选择所有操作按钮 √，单击"操作管理"对话框中的实体加工验证按钮 ◉，系统弹出"验证"对话框，单击 ▶ 按钮，模拟结果如图 3-118 所示，单击确定按钮 √，结束实体验证。

图 3-118 粗车实体加工验证

8. 粗镗内孔

1）单击"刀具路径"—"粗车"，系统弹出"串连选项"对话框，如图 3-119 所示。

2）串连边界。单击图 3-119"串连选项"对话框中的部分串连按钮 ◉◉，按图 3-120 所示步骤选择内部边界，单击"串连选项"对话框中的确定按钮 √。

图 3-119　"串连选项"对话框

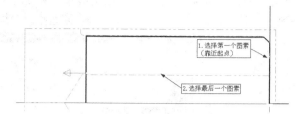

图 3-120　串连边界

3）系统弹出"车床粗加工 属性"对话框，如图 3-121 所示。

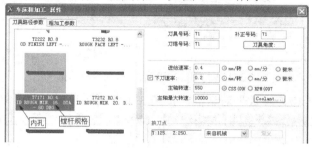

图 3-121　"车床粗加工 属性"对话框

4）在"车床粗加工 属性"对话框的"刀具路径参数"选项卡中双击 T7171 内孔车刀图标，如图 3-121 所示，系统弹出"定义刀具-机床群组最小 1"对话框，单击"参数"选项卡，设置"刀具号码"为 5、"刀具补正号码"为 5、"刀塔号码"为 5，如图 3-122 所示，单击确定按钮 □✓□。

图 3-122　"参数"选项卡对话框

5）系统返回"车床粗加工 属性"对话框，系统自动加载修改后的刀具号码和补正号码，如图 3-123 所示，设置"进给速率"为 0.5、"主轴转速"为 550。

图 3-123　"车床粗加工 属性"对话框

6）单击"粗加工参数"选项卡，系统显示"粗加工参数"选项卡对话框，按图 3-124 所示设置参数，勾选 ☑ L进/退刀向量 ，单击 L进/退刀向量 按钮。

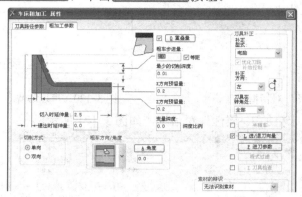

图 3-124 "粗加工参数"选项卡对话框

7）系统弹出"进退/刀参数"对话框，按图 3-125 所示设置参数，单击确定按钮 ✓ 。

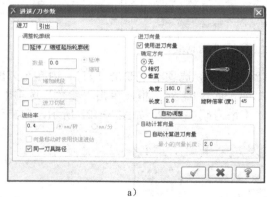 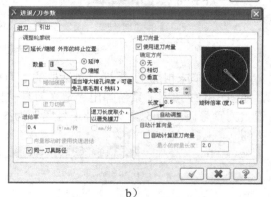

a） b）

图 3-125 "进退/刀参数"对话框

a）进刀参数 b）退刀参数

8）系统返回"粗加工参数"选项卡对话框，单击确定按钮 ✓ 。

9）完成粗镗内孔操作创建，如图 3-126 所示，粗镗内孔刀具路径如图 3-127 所示。

10）实体验证。在"操作管理"对话框中单击选择所有操作按钮 ✔，单击"操作管理"对话框中的实体加工验证按钮 ✅，系统弹出"验证"对话框，单击 ▶ 按钮，模拟结果如图 3-128 所示，单击确定按钮 ✓ ，结束实体验证。

 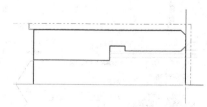 

图 3-126 粗镗内孔操作　　　　图 3-127 粗镗内孔刀具路径　　　　图 3-128 实体加工验证（剖视）

9. 精车外圆

1）单击"刀具路径"—"精车"，系统弹出"串连选项"对话框，如图 3-129 所示。

2）串连外形。单击"串连选项"对话框中的部分串连按钮，按图 3-130 所示步骤选择外形边界，单击"串连选项"对话框中的确定按钮，系统弹出"车床-精车 属性"对话框，如图 3-131 所示。

图 3-129　"串连选项"对话框

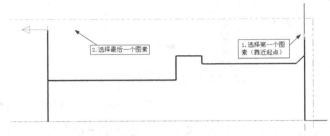

图 3-130　串连外形

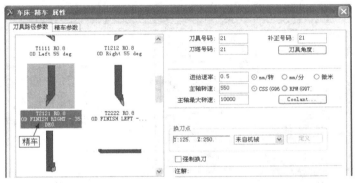

图 3-131　"车床-精车 属性"对话框

3）在"车床-精车 属性"对话框的"刀具路径参数-机床群组最小 1"选项卡中双击 T2121 外圆精车刀图标，如图 3-131 所示，系统弹出"定义刀具"对话框，单击"参数"选项卡，设置"刀具号码"为 6、"刀具补正号码"为 6、"刀塔号码"为 6，如图 3-132 所示，单击确定按钮。

图 3-132　"参数"选项卡对话框

4）系统返回"车床-精车 属性"对话框，系统自动加载修改后的刀具号码和补正号码，如图 3-133 所示，设置"进给速率"为 0.2、"主轴转速"为 550。

友情提示

✧ 进给速率影响加工表面粗糙度和生产效率。

图 3-133 "车床-精车 属性"对话框

5）单击"精车参数"选项卡，系统显示"精车参数"选项卡对话框，按图 3-134 所示设置参数，单击确定按钮 ✓ 。

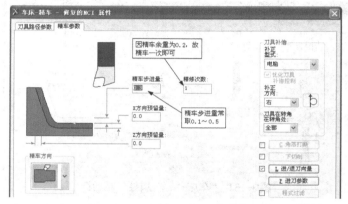

图 3-134 "精车参数"选项卡对话框

6）单击"精车参数"对话框中"进/退刀向量"按钮，系统显示"进退/刀参数"对话框，如图 3-135 所示，单击"引出"选项卡，按图 3-135 所示设置参数，单击确定按钮 ✓ ，返回"精车参数"选项卡对话框，单击确定按钮 ✓ 。

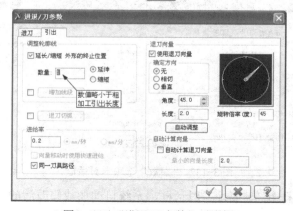

图 3-135 "进退/刀参数"对话框

7）完成精车外圆操作创建，如图3-136所示，精车外圆刀具路径如图3-137所示。

8）实体验证。在"操作管理"对话框中单击选择所有操作按钮 √ ，单击"操作管理"对话框中的实体加工验证按钮 ● ，系统弹出"验证"对话框，单击 ▶ 按钮，模拟结果如图3-138所示，单击确定按钮 √ ，结束实体验证。

图3-136 精车外圆操作　　　　　图3-137 精车外圆刀具路径　　　　图3-138 精车外圆实体加工验证

10. 精镗内孔

1）单击"刀具路径"—"精车"，系统弹出"串连选项"对话框，如图3-139所示。

2）串连边界。单击"串连选项"对话框中的部分串连按钮 ◯◯ ，按图3-140所示步骤选择内部边界，单击"串连选项"对话框中的确定按钮 √ ，系统弹出"车床-精车 属性"对话框，如图3-141所示。

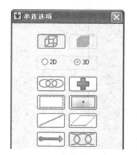

图3-139 "串连选项"对话框

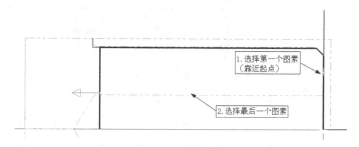

图3-140 串连边界

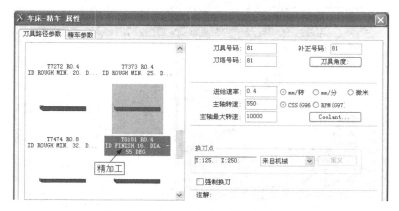

图3-141 "车床-精车 属性"对话框

3）在"车床-精车 属性"对话框的"刀具路径参数"选项卡中双击 T8181 内孔精车刀图标，如图 3-141 所示，系统弹出"定义刀具-机床群组最小 1"对话框，单击"参数"选项卡，设置"刀具号码"为 7、"刀具补正号码"为 7、"刀塔号码"为 7，如图 3-142 所示，单击确定按钮 ☑ 。

图 3-142 "参数"选项卡对话框

4）系统返回"车床-精车 属性"对话框，系统自动加载修改后的刀具号码和补正号码，如图 3-143 所示，设置"进给速率"为 0.2、"主轴转速"为 550。

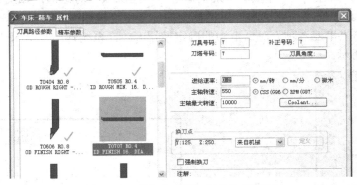

图 3-143 "车床-精车 属性"对话框

5）单击"精车参数"选项卡，系统显示"精车参数"选项卡对话框，按图 3-144 所示设置参数，勾选 ☑ L进/退刀向量 ，单击 L进/退刀向量 按钮。

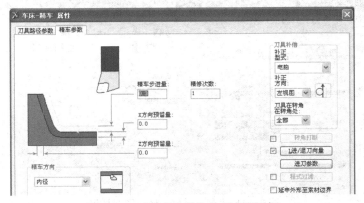

图 3-144 "精车参数"选项卡对话框

6）系统弹出"进退/刀参数"对话框，按图 3-145 所示设置参数，单击确定按钮 ☑ ，系统返回"精车参数"选项卡对话框，单击确定按钮 ☑ 。

a)   b)

图 3-145 "进退/刀参数"对话框

a）进刀参数 b）退刀参数

7）完成精镗内孔操作创建，如图 3-146 所示，精镗内孔刀具路径如图 3-147 所示。

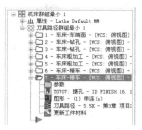

图 3-146 精镗内孔操作

8）实体验证。在"操作管理"对话框中单击选择所有操作按钮 ，单击"操作管理"对话框中的实体加工验证"按钮 ，系统弹出"验证"对话框，单击 ▶ 按钮，模拟结果如图 3-148 所示，单击确定按钮 ☑ ，结束实体验证。

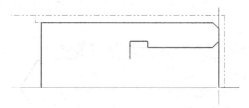

图 3-147 精镗内孔操作刀具路径   图 3-148 实体加工验证（剖视）

11. 切槽

1）径向车削。单击"刀具路径"—"车床径向车削刀具路径"，系统弹出"径向车削的切槽选项"对话框，按图 3-149 所示设置，单击确定按钮 ☑ ，系统弹出"串连选项"对话框，如图 3-150 所示。

2）串连边界。单击"串连选项"对话框中的部分串连按钮 ，按图 3-151 所示步骤选择外形边界，单击"串连选项"对话框中的确定按钮 ☑ ，系统弹出"Lathe Groove（Chain）属性"对话框，如图 3-152 所示。

图 3-149 "径向车削的切槽选项"对话框

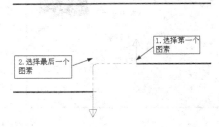

图 3-150 "串连选项"对话框　　　　图 3-151　串连边界

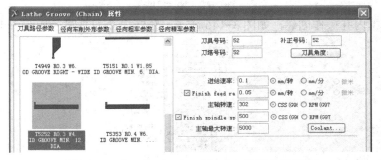

图 3-152 "Lathe Groove（Chain）属性"对话框

3）在"Lathe Groove（Chain）属性"对话框的"刀具路径参数"选项卡中双击 T5252 内孔槽刀图标，如图 3-152 所示，系统弹出"定义刀具"对话框，单击"参数"选项卡，设置"刀具号码"为 8、"刀具补正号码"为 8、"刀塔号码"为 8、"刀具背面补正号码"为 8，如图 3-153 所示，单击"根据材料计算"按钮，系统自动计算切削参数，单击确定按钮。

图 3-153 "定义刀具"对话框

4）系统返回"Lathe Groove（Chain）属性"对话框，系统自动加载修改后的刀具号码和切削参数，如图 3-154 所示。

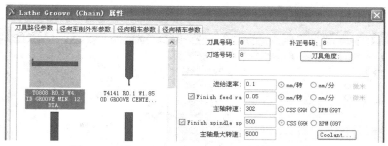

图 3-154　"Lathe Groove（Chain）属性"对话框

5）单击"径向车削外形参数"选项卡，系统显示"径向车削外形参数"选项卡对话框，按图 3-155 所示设置参数。

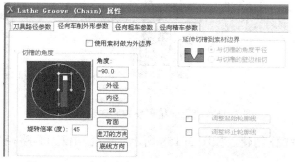

图 3-155　"径向车削外形参数"选项卡对话框

6）单击"径向粗车参数"选项卡，系统显示"径向粗车参数"选项卡对话框，按图 3-156 所示设置参数。

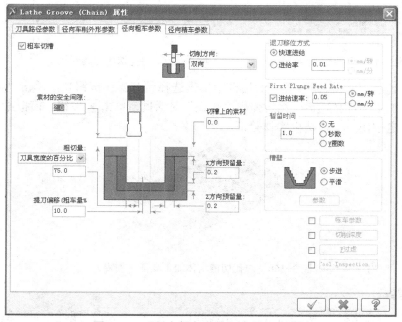

图 3-156　"径向粗车参数"选项卡对话框

7）单击"径向精车参数"选项卡，系统显示"径向精车参数"选项卡对话框，按图 3-157

所示设置参数，单击确定按钮 ✓。

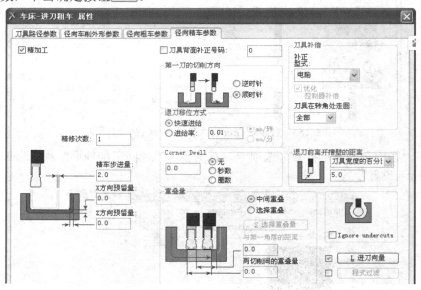

图 3-157　"径向精车参数"选项卡对话框

8）完成内孔切槽操作创建，如图 3-158 所示，内孔切槽刀具路径如图 3-159 所示。

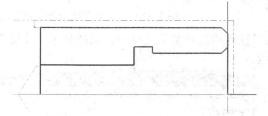

图 3-158　内孔切槽操作　　　　　图 3-159　内孔切槽刀具路径

9）实体验证。在"操作管理"对话框中单击选择所有操作按钮 ，单击"操作管理"对话框中的实体加工验证按钮 ，系统弹出"验证"对话框，单击 ▶ 按钮，模拟结果如图 3-160 所示，单击确定按钮 ✓，结束实体验证。

图 3-160　内孔切槽实体加工验证（剖视）

12. 车螺纹

1）单击"刀具路径"—"车螺纹"，系统弹出"车床-车螺纹 属性"对话框，如图 3-161 所示。

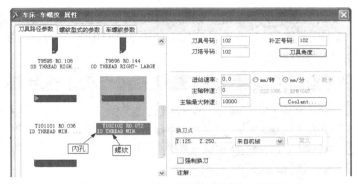

图 3-161　"车床-车螺纹 属性"对话框

2）在"车床-车螺纹 属性"对话框的"刀具路径参数"选项卡中选择 T102102 内孔螺纹车刀，如图 3-161 所示，系统弹出"修订刀具设定"对话框，如图 3-162 所示，单击确定按钮 ，关闭对话框。

图 3-162　"修订刀具设定"对话框

3）定义刀具。双击 T102102 内孔螺纹车刀，如图 3-161 所示，系统弹出"刀片"选项卡对话框，检查刀片规格是否合适，如图 3-163 所示，单击"刀把"选项卡。

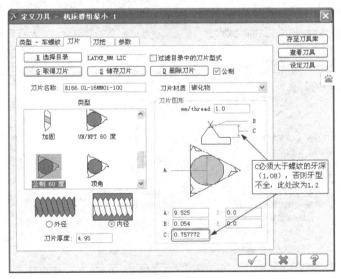

图 3-163　检查刀片规格

4）系统显示刀把参数，如图 3-164 所示，检查尺寸是否合适（C+A/2<螺纹底孔直径），单击"参数"选项卡。

5）系统显示"参数"选项卡对话框，按图 3-165 所示设置参数，单击确定按钮 ✓ 。

6）系统返回"车床-车螺纹 属性"对话框，如图 3-166 所示，设置"主轴转速"为 200，单击"螺纹型式的参数"选项卡。

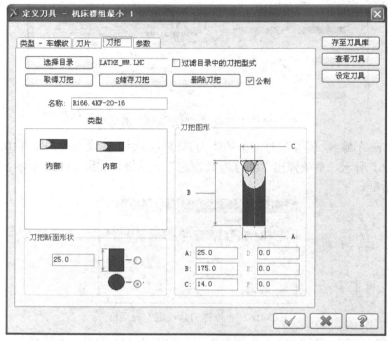

图 3-164 "刀把"选项卡对话框

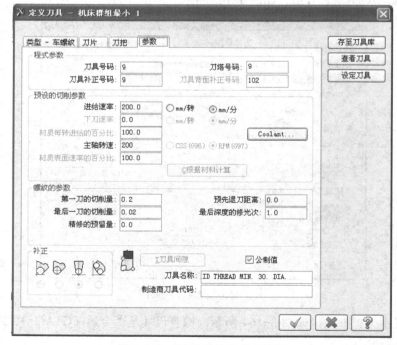

图 3-165 "参数"选项卡对话框

图 3-166　"车床-车螺纹属性"对话框

友情提示

❖　进给速率根据主轴转速和螺纹导程自动确定。

7）系统显示"螺纹型式的参数"选项卡对话框，按图 3-167 所示步骤操作，最后单击"车螺纹参数"选项卡。

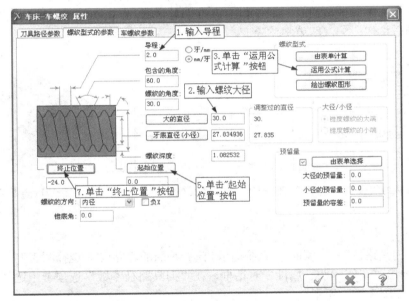

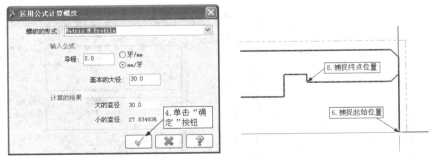

图 3-167　设置螺纹型式的参数

8）系统显示"车螺纹参数"选项卡对话框，按图 3-168 所示设置参数，单击确定按钮 $\boxed{\checkmark}$。

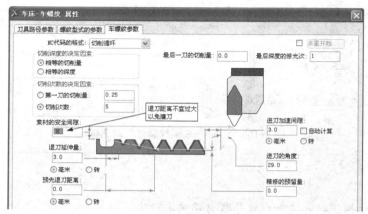

图 3-168　设置车螺纹参数

9）完成车内螺纹操作创建，如图 3-169 所示，车内螺纹刀具路径如图 3-170 所示。

10）实体验证。在"操作管理"对话框中单击选择所有操作按钮🗸，单击"操作管理"对话框中的实体加工验证按钮🥄，系统弹出"验证"对话框，单击▶按钮，模拟结果如图 3-171 所示，单击确定按钮☑️，结束实体验证。

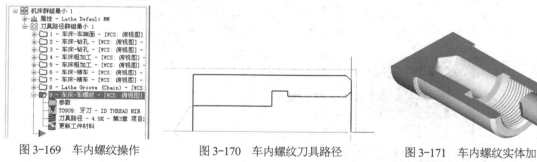

图 3-169　车内螺纹操作　　　　　图 3-170　车内螺纹刀具路径　　　　　图 3-171　车内螺纹实体加工验证（剖视）

13. 切断

1）单击"刀具路径"—"截断"，系统提示"选择截断的边界点"，选择图 3-172 所示边界点。

2）系统弹出"车床-截断 属性"对话框，在"刀具路径参数"选项卡中选择 T151151 外圆截断车刀，如图 3-173 所示。

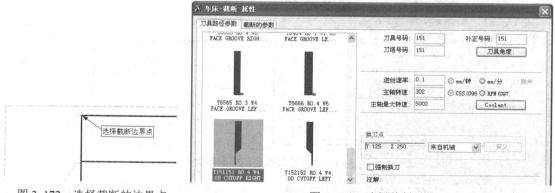

图 3-172　选择截断的边界点　　　　　图 3-173　选择截断刀具

3）双击 T151151 刀具图标，如图 3-173 所示，系统弹出"定义刀具"对话框，如图 3-174 所示，单击"参数"选项卡，设置"刀具号码"为 10、"刀具补正号码"为 10、"刀塔号码"为 10，单击"根据材料计算"按钮 ![C根据材料计算]，系统自动计算切削参数，单击确定按钮 ![✓]。

图 3-174　"定义刀具"对话框

4）系统返回"车床-截断 属性"对话框，并自动加载修改后的刀具号码和切削参数，如图 3-175 所示。

图 3-175　刀具路径参数

5）单击"截断的参数 "选项卡，系统显示"截断的参数"选项卡对话框，按图 3-176 所示设置参数，单击确定按钮 ![✓]。

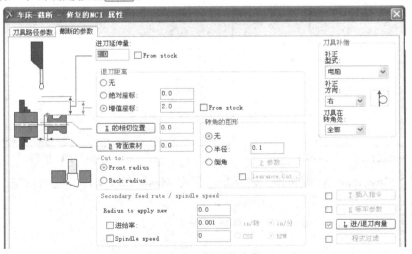

图 3-176　截断的参数

6）完成截断操作创建，如图 3-177 所示，产生加工刀具路径，如图 3-178 所示。

7）实体验证。在"操作管理"对话框中单击选择所有操作按钮 ✓，单击"操作管理"对话框中的实体加工验证按钮 ●，系统弹出"验证"对话框，单击 ▶ 按钮，模拟结果如图 3-179 所示，单击确定按钮 ☑，结束实体验证。

图 3-177　截断操作

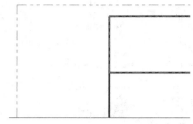

图 3-178　截断刀具路径

图 3-179　实体加工验证效果（剖视）

14. 后处理

1）在"操作管理"对话框中单击选择所有的操作按钮 ✓，选择所有操作，单击"操作管理"对话框中的后处理按钮 G1，弹出"后处理程式"对话框，如图 3-180 所示。

2）勾选"NC 文件"选项及其下的"编辑"复选框，然后单击确定按钮 ☑，弹出"另存为"对话框，选择合适的目录后，单击确定按钮 ☑，打开"Mastercam X 编辑器"对话框，得到所需的 NC 代码，如图 3-181 所示。

图 3-180　"后处理程式"对话框

图 3-181　NC 代码

3）关闭"Mastercam X 编辑器"对话框，保存 Mastercam 文件，退出系统。

3.3　小结

数控车床主要用于轴类和盘类零件的加工。车削加工是纯二维的加工，在绘制几何模型时只需绘制零件的一半剖视图即可。车削加工比铣削加工简单得多，以往大都手工编程，随着 CAM 技术的普及，现在也使用 Mastercam 自动编制车削加工程序。

Mastercam 的车削功能包括粗车、精车、车螺纹、径向车削、车端面、截断、钻孔、C-轴等。

3.4 练习与思考

完成图 3-182 所示图形的车削加工。要求：①绘制其二维图形；②确定合理的毛坯形状和尺寸；③选用合适的加工方法加工出零件；④有粗加工和精加工。

提示：图 3-182b 需两次装夹才能完成加工，先车大端，后车小端。

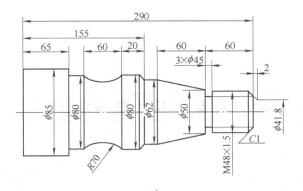

a)

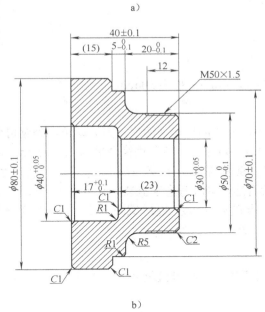

b)

图 3-182　练习题

第 ④ 章

车铣复合加工

4.1 实例 1—— 圆柱标牌数控车铣复合加工

4.1.1 零件介绍

圆柱标牌零件如图 4-1 所示。

4.1.2 工艺分析

1. 零件形状和尺寸分析

该零件为回转体，直径为 60mm，长为 50mm。

2. 毛坯尺寸

图 4-1　圆柱标牌零件

该零件尺寸精度要求不高，端面粗车（两次走刀）即可，外圆可分粗车和精车。

一般粗车直径余量为 1.5～4mm，半精车直径余量为 0.5～2.5mm，精车直径余量为 0.2～1.0mm，根据毛坯直径=工件直径+粗加工余量+精加工余量，可确定毛坯直径为 65mm。

端面余量取 2mm 比较合适，同时考虑卡盘装夹长度约 15mm，截断尺寸 4mm，根据毛坯长度=工件长度+端面余量+卡盘夹持部分长度+截断宽度，可确定毛坯长度为 72mm。

故毛坯尺寸为 ϕ 65mm×72mm。

3. 工件装夹

由于工件尺寸不大，可采用自定心卡盘装夹。

4. 加工方案

首先根据毛坯尺寸下料，然后在车削中心上进行加工，具体数控加工工艺路线如下：

1）车端面。

2）粗车外圆。

3）精车外圆。

4）端面 C 轴加工。

5）外圆 C 轴加工。

6）切断。

4.1.3 相关知识

1. 高度参数

Mastercam 高度参数包括安全高度、参考高度、进给下刀位置、工件表面和深度，如图 4-2 所示。

（1）安全高度 安全高度指的是在此高度之上刀具可以做任意水平的移动，而不会与工件或夹具发生碰撞，如图 4-2 所示。

安全高度一般作为刀具趋近工件时的高度及加工完时的退刀高度，即只在开始及结束的操作才使用安全高度。

（2）参考高度 参考高度又叫退刀高度，指的是下一个刀具路径之前刀具回退的位置。退刀高度的设置应低于安全高度并高于进给下刀位置，如图 4-2 所示。

（3）进给下刀位置 进给下刀位置指的是当刀具在按进给速度进给之前快速（下降）移动到的高度，即刀具从安全高度或参考高度快速（下降）移动到此的高度，这时变为进给速度再继续下降，如图 4-2 所示。

（4）工件表面 工件表面指的是工件上表面的高度值。

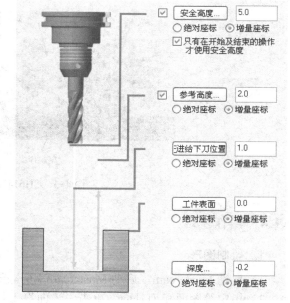

图 4-2 高度参数

（5）深度 深度指的是最后的加工深度，如图 4-2 所示。

2. 高度设置常见问题

正确设置 Mastercam 的高度参数，可大大提高数控加工的安全性，降低生产成本，提高工作效率。高度设置不当引起的问题就是撞刀，就编著者多年的编程实践来看，最常见的问题就是参考高度和下刀位置设置不当。

（1）参考高度设置不当 参考高度设置不当表现在两个方面：一方面是设置过高，即退刀过高，增加了刀具移动的位移量，降低了生产效率；另一方面是设置过低，刀具在水平移动过程中与工件发生碰撞。参考高度设置的原则是，在保证安全（不撞刀）的前提下，参考高度尽量低一些。

（2）下刀位置设置不当 下刀位置设置不当也表现在两个方面：一方面是设置过高，增加了刀具下刀过程中工作进给的位移量，降低了生产效率；另一方面是设置过低，刀具在快速下刀过程中与工件发生碰撞。下刀位置设置的原则是，在保证安全（不撞刀）的前提下，尽量设置得低一些。

3. 高度设置解决方案

（1）横越移动撞刀 这是参考高度过低引起的，增大参考高度即可解决。

（2）快速下刀撞刀　这是下刀位置过低引起的，增大下刀位置高度即可解决。

4．车削中心

车削中心全称是车铣复合中心，是以车床为基本体，增加了 C 轴功能和动力刀架，在满足车削功能的同时增加了动力铣、钻、镗等功能，可对回转零件的圆周表面及端面进行加工，使原本需要两次、三次加工的工序在车削中心上一次完成。图 4-3 所示为 CH6145A 车削中心。

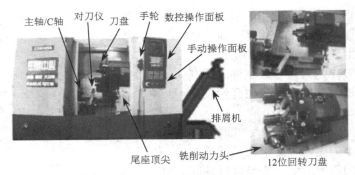

图 4-3　CH6145A 车削中心

4.1.4　操作创建

1．绘制图形

1）启动 Mastercam。启动 Mastercam X6，按 F9 键，显示坐标系。

2）指定绘图面和刀具面。单击"平面"工具栏上的"T 俯视图"按钮 <img I 俯视图 (WCS)>，指定绘图面和刀具面为俯视图。

3）屏幕视角。单击"屏幕视角"工具栏上的"T 俯视图"按钮 ，屏幕视角与绘图平面一致，结果如图 4-4 所示。

4）绘制圆柱标牌外形。绘制二维外形图（只画 1/2 即可），绘图过程略，结果如图 4-5 所示。

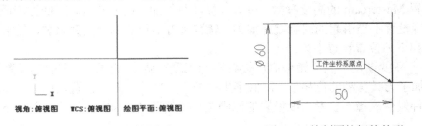

图 4-4　屏幕视角与绘图面　　　　图 4-5　绘制圆柱标牌外形

友情提示

◇ 此处将工件坐标系原点指定在工件右端面的中心。

◇ 图形完成后删除或隐藏尺寸。

5）绘制毛坯。绘制毛坯外形（双点画线），结果如图 4-6 所示。

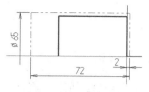

图 4-6　毛坯外形

> **友情提示**
>
> ◇　工件端面余量 2mm，直径余量 5mm。
> ◇　系统默认图层 1 为主图层（工作图层），到现在为止绘制的图素均位于图层 1。

6）设置图层 10 为主图层。单击屏幕下方状态栏中"层别"按钮 层别，系统弹出"层别管理"对话框，如图 4-7 所示，输入"层别号码"为 10、名称为"端面文字图案"，单击确定按钮 ✓ 。

7）状态栏显示 层别 10：端面文字图案 ，设置图层 10 为当前工作图层（主图层）。

8）指定绘图面为右视图。单击"平面"工具栏上的"R 右视图"按钮 R 右视图 (WCS)，指定绘图面为右视图，显示网格，结果如图 4-8 所示。

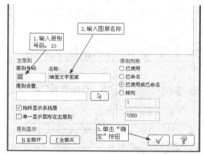

图 4-7　"层别管理"对话框

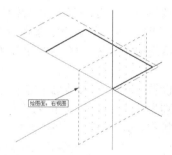

图 4-8　设置绘图面为右视图

> **友情提示**
>
> ◇　请注意观察绘图面是否通过原点，否则修改构图深度。

9）绘制五边形。单击工具栏"画多边形"按钮 画多边形，系统弹出"多边形选项"对话框，按图 4-9 所示设置，单击确定按钮 ✓ ，完成五边形绘制，关闭图层 1，结果如图 4-10 所示。

图 4-9　"多边形选项"对话框

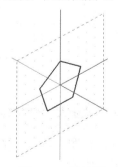

图 4-10　五边形

10）绘制五角星。对角连接，如图 4-11a 所示；修剪，如图 4-11b 所示；删除五边形，结果如图 4-11c 所示。

a)   b)   c)

图 4-11 绘制五角星

a) 对角连接   b) 修剪   c) 删除五边形

11）绘圆。绘制直径 50mm、55mm 两圆，结果如图 4-12 所示。

12）绘制文字。选择菜单"绘图"—"绘制文字"，系统弹出"绘制文字"对话框，按图 4-13 所示设置，最后单击确定按钮。

13）系统提示"输入圆心坐标"，捕捉圆心，结果如图 4-14 所示，按 Esc 键，退出绘制文字命令。

14）设置图层。单击屏幕下方状态栏中"层别"按钮，系统弹出"层别管理"对话框，输入"层别号码"为 20、名称为"外圆文字图案"，单击确定按钮。

15）状态栏显示 层别 20：外圆文字图案 ，设置图层 20 为当前工作图层（主图层）。

图 4-12 绘圆   图 4-13 "绘制文字"对话框   图 4-14 绘制文字

16）指定绘图面为俯视图。单击"平面"工具栏上的"T 俯视图"按钮，指定绘图面为俯视图，结果如图 4-15 所示。

17）设置屏幕视角。单击"屏幕视角"工具栏上的"T 俯视图"按钮 ⬡，屏幕视角与绘图平面一致，结果如图 4-16 所示。

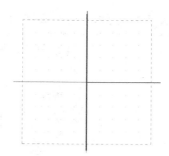

图 4-15　绘图面：俯视图　　　　　　　　　　图 4-16　视角：俯视图

18）绘制文字。选择菜单"绘图"—"绘制文字"，系统弹出"绘制文字"对话框，按图 4-17 所示设置，最后单击确定按钮 ✓ 。

19）系统提示"输入文字的起点位置"，在屏幕上任意选取一点，结果如图 4-18 所示，按 Esc 键，退出绘制文字命令。

图 4-17　"绘制文字"对话框

MASTERCAM X6 TURNING/MILLING CENTER

图 4-18　绘制文字

20）文字旋转、平移。将文字逆时针旋转 90°，并平移至图 4-19 所示位置。

21）绘制直线。绘制两条直线，长 190mm，结果如图 4-20 所示。

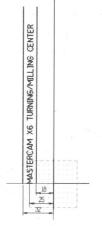

图 4-19　文字旋转、平移　　　　　　　　　　图 4-20　绘制两直线

◇ 直线长度略大于 188.4（60×3.14）。

22）打开图层 1，调整观察角度，最后结果如图 4-21 所示。

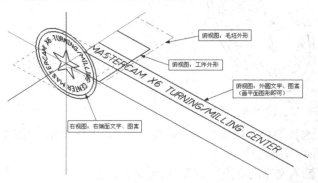

图 4-21　绘图结果

2. 选择机床

单击菜单"机床类型"—"车削"—"默认"，结果如图 4-22 所示。

图 4-22　选择机床

3. 材料设置

1）图层设置。设置图层 1 为主图层，关闭图层 10 和图层 20（仅打开图层 1），同时关闭网格（不显示网格），屏幕仅显示工件和毛坯外形，如图 4-23 所示。

2）单击图 4-22 所示"操作管理"对话框中的 ◆ 材料设置，系统弹出"机器群组属性"对话框，如图 4-24 所示，单击"参数"按钮 参数 。

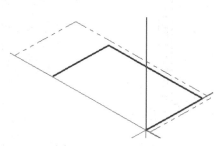

图 4-23　图层设置

图 4-24　"机器群组属性"对话框

3）系统弹出"机床组件管理-材料"对话框，如图 4-25 所示，单击"由两点产生"按钮 由两点产生(2)... 。

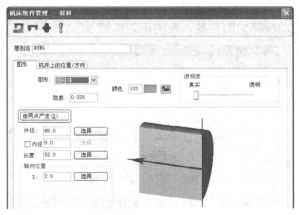

图 4-25　"机床组件管理-材料"对话框

4）根据屏幕提示，如图 4-26 所示，依次选择定义圆柱体的第一点、第二点。

5）系统返回"机床组件管理-材料"对话框，单击确定按钮 ，系统返回"机器群组属性"对话框，单击确定按钮 ，完成材料设置，结果如图 4-27 所示。

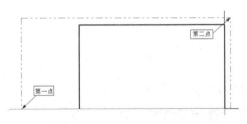

图 4-26　定义圆柱体的两点　　　　图 4-27　材料设置结果

4. 车端面

1）单击"刀具路径"—"车端面"，系统弹出"输入新 NC 名称"对话框，如图 4-28 所示，单击确定按钮 ，系统弹出"车床-车端面 属性"对话框，如图 4-29 所示。

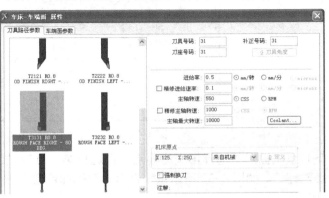

图 4-28　"输入新 NC 名称"对话框　　　图 4-29　"车床-车端面 属性"对话框

2）在"车床-车端面 属性"对话框的"刀具路径参数"选项卡中双击 T3131 刀具图标，如图 4-29 所示，系统弹出"定义刀具"对话框，单击"参数"选项卡，设置"刀具号码"为 1、"刀具补正号码"为 1、"刀塔号码"为 1，如图 4-30 所示，单击"根据材料计算"按钮 ，系统自动计算切削参数，单击确定按钮 。

图 4-30 "定义刀具"对话框

3）系统返回"车床-车端面 属性"对话框，系统自动加载修改后的刀具号码和切削参数，如图 4-31 所示。

图 4-31 "车床-车端面 属性"对话框

4）单击"车端面参数"选项卡，系统显示"车端面参数"选项卡对话框，按图 4-32 所示设置参数，勾选 ⊙ S选点 ，单击"选点"按钮 S选点 。

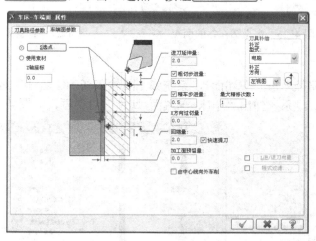

图 4-32 "车端面参数"选项卡对话框

5）系统提示"选择第一边界点，再选择第一点"，接着系统提示"选择第二边界点，再选择第二点"，如图 4-33 所示系统返回"车端面参数"选项卡对话框，如图 4-32 所示，单击确定按钮 。

6）完成车端面操作创建，如图 4-34 所示，产生加工刀具路径，如图 4-35 所示。

7）实体验证。单击"操作管理"对话框的实体加工验证按钮 ，系统弹出"验证"对话框，单击 ▶ 按钮，模拟结果如图 4-36 所示，单击确定按钮 ✓，结束实体验证。

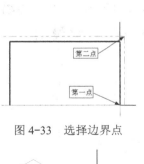

图 4-33　选择边界点

图 4-34　车端面操作

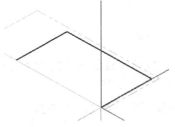

图 4-35　生成刀具路径

图 4-36　实体加工验证效果

5. 粗车外圆

1）粗车。单击"刀具路径"—"粗车"，系统弹出"串连选项"对话框，如图 4-37 所示。

2）串连外形。单击图 4-37 中的单体按钮 ⊘，选择外形边界，如图 4-38 所示，单击"串连选项"对话框中的确定按钮 ✓，系统弹出"车床粗加工 属性"对话框，如图 4-39 所示。

图 4-37　"串连选项"对话框

图 4-38　串连外形

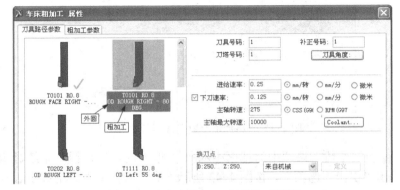

图 4-39　"车床粗加工 属性"对话框

3）在"车床粗加工 属性"对话框的"刀具路径参数"选项卡中双击 T0101 外圆车刀图标，如图 4-39 所示，系统弹出"定义刀具"对话框，单击"参数"选项卡，设置"刀具号码"为 2、"刀具补正号码"为 2、"刀塔号码"为 2，如图 4-40 所示，单击确定按钮 ✓ 。

图 4-40 "定义刀具"对话框

4）系统返回"车床粗加工 属性"对话框，系统自动加载修改后的刀具号码和补正号码，如图 4-41 所示，设置"进给速率"为 0.5、"主轴转速"为 275。

图 4-41 "车床粗加工 属性"对话框

5）单击"粗加工参数"选项卡，系统显示"粗加工参数"选项卡对话框，按图 4-42 所示设置参数，单击确定按钮 ✓ 。

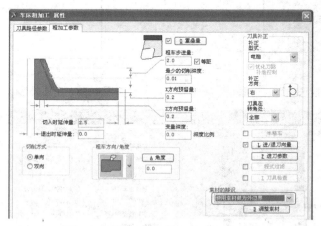

图 4-42 "粗加工参数"选项卡对话框

6）单击"粗加工参数"选项卡对话框中的"进/退刀向量"按钮，系统显示"进退/刀参数"对话框，单击"引出"选项卡，按图 4-43 所示设置参数，单击确定按钮 ✓ ，返回"粗加工参数"选项卡对话框，单击确定按钮 ✓ 。

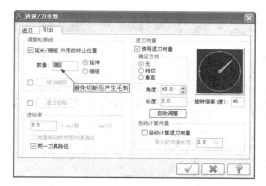

图 4-43　"进退/刀参数"对话框

7）完成粗车外圆操作创建，如图 4-44 所示，粗加工刀具路径如图 4-45 所示。

8）实体验证。在"操作管理"对话框中单击选择所有操作按钮，单击"操作管理"对话框中的实体加工验证按钮，系统弹出"验证"对话框，单击▶按钮，模拟结果如图 4-46 所示，单击确定按钮，结束实体验证。

图 4-44　粗车外圆操作

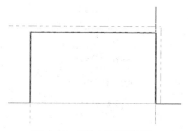

图 4-45　粗车刀具路径

图 4-46　粗车实体加工验证

6. 精车外圆

1）单击"刀具路径"—"精车"，系统弹出"串连选项"对话框，如图 4-47 所示。

2）串连外形。单击图 4-47 中的单体按钮，选择外形边界，如图 4-48 所示，单击"串连选项"对话框中的确定按钮，系统弹出"车床-精车 属性"对话框，如图 4-49 所示。

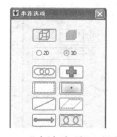

图 4-47　"串连选项"对话框

图 4-48　串连外形

3）在"车床-精车 属性"对话框的"刀具路径参数"选项卡中双击 T2121 外圆精车刀图标，如图 4-49 所示，系统弹出"定义刀具-机床群组最小 1"对话框，单击"参数"选项卡，设置"刀具号码"为 3、"刀具补正号码"为 3、"刀塔号码"为 3，如图 4-50 所示，单击确定按钮。

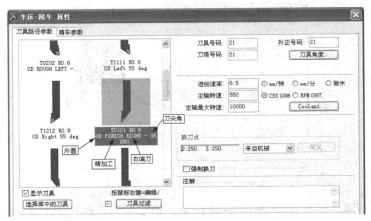

图 4-49 "车床-精车 属性"对话框

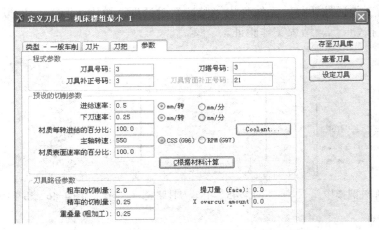

图 4-50 "定义刀具-机床群组最小 1"对话框

4）系统返回"车床-精车 属性"对话框，系统自动加载修改后的刀具号码和补正号码，如图 4-51 所示，设置"进给速率"为 0.2、"主轴转速"为 550。

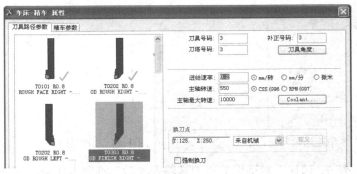

图 4-51 "车床-精车 属性"对话框

5）单击"精车参数"选项卡，系统显示"精车参数"选项卡对话框，按图 4-52 所示设置参数，单击确定按钮 ▣。

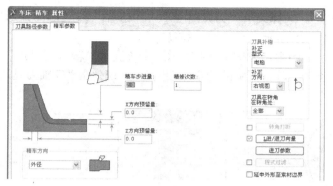

图 4-52　"精车参数"选项卡对话框

6）单击"精车参数"选项卡对话框中的"进/退刀向量"按钮，系统显示"进退/刀参数"对话框，单击"引出"选项卡，按图 4-53 所示设置参数，单击确定按钮，返回"精车参数"选项卡对话框，单击确定按钮。

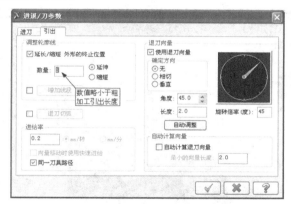

图 4-53　"进退/刀参数"对话框

7）完成精车外圆操作创建，如图 4-54 所示，精车刀具路径如图 4-55 所示。

8）实体验证。在"操作管理"对话框中单击选择所有操作按钮，单击"操作管理"对话框中的实体加工验证按钮，系统弹出"验证"对话框，单击按钮，模拟结果如图 4-56所示，单击确定按钮，结束实体验证。

图 4-54　精车外圆操作

图 4-55　精车刀具路径

图 4-56　精车外圆实体加工验证

7. 端面 C 轴加工

1）图层设置。设置图层 10 为主图层，关闭图层 1（仅打开图层 10），屏幕显示端面文字、图案，如图 4-57 所示。

2）端面 C 轴加工。选择菜单"刀具路径"—"C-轴"—"端面外形"，系统弹出"串连选项"对话框，如图 4-58 所示，单击窗口按钮□。

3）窗选所有文字、图案，如图 4-59 所示，系统提示"输入搜寻点"，捕捉图 4-59 所示一端点，单击"串连选项"对话框中的确定按钮√，系统弹出"C 轴刀具路径-C-轴端面外形"对话框，如图 4-60 所示。

图 4-57　图层设置　　　　图 4-58　"串连选项"对话框　　　　图 4-59　选择文字、图案

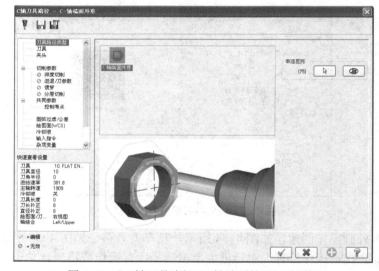

图 4-60　"C 轴刀具路径-C-轴端面外形"对话框

4）创建新刀具。在"C 轴刀具路径-C-轴端面外形"对话框左侧的"参数类别列表"中选择"刀具"选项，出现刀具设置对话框，如图 4-61 所示，单击鼠标右键，选择"创建新刀具"菜单。

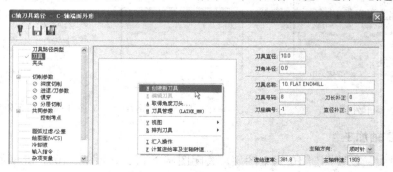

图 4-61　刀具设置对话框

5）定义刀具。系统弹出"定义刀具-机床群组最小 1"对话框，如图 4-62 所示，单击"锥度刀"按钮 🔻。

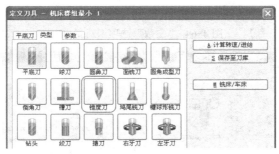

图 4-62　"定义刀具-机床群组最小 1"对话框

6）系统弹出"锥度铣刀"选项卡对话框，设置"刀具号码"为 4、"配置号码"为 4、"直径"为 0.5、"锥度角"为 15.0，如图 4-63 所示，单击"参数"选项卡。

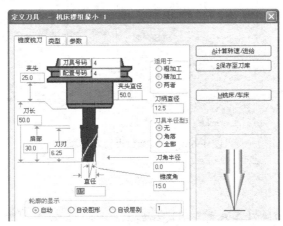

图 4-63　"锥度铣刀"选项卡对话框

7）系统弹出"参数"选项卡对话框，设置"直径补正号码"为 4、"刀长补正号码"为 4，如图 4-64 所示，单击确定按钮 ✓。

8）系统返回"C 轴刀具路径-C-轴端面外形"对话框，设置"进给速率"为 200.0、"下刀速率"为 100.0、"提刀速率"为 2000.0、"主轴转速"为 10000，如图 4-65 所示。

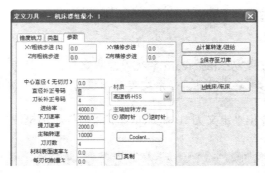

图 4-64 "参数"选项卡对话框

图 4-65 "C 轴刀具路径-C-轴端面外形"对话框

9）设置切削参数。在"C 轴刀具路径-C-轴端面外形"对话框左侧的"参数类别列表"中选择"切削参数"选项，出现切削参数设置对话框，按图 4-66 所示设置参数。

图 4-66 切削参数设置对话框

友情提示

◆ 刀具半径补偿关闭，刀具沿文字图案线加工。

10）设置高度参数。在"C 轴刀具路径-C-轴端面外形"对话框左侧的"参数类别列表"中选择"共同参数"选项，出现共同参数设置对话框，按图 4-67 所示设置参数，单击确定按钮√。

11）完成端面 C 轴加工操作创建，如图 4-68 所示，产生加工刀具路径，如图 4-69 所示。

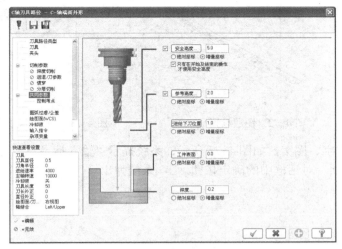

图 4-67　设置共同参数

图 4-68　端面 C 轴加工操作

图 4-69　端面 C 轴加工刀具路径

12）实体验证。在"操作管理"对话框中选择操作"C-轴端面外形"，单击实体加工验证按钮，系统弹出"验证"对话框，按图 4-70 所示设置，单击▶按钮，模拟结果如图 4-71 所示，单击确定按钮，结束实体验证。

图 4-70　"验证"对话框

图 4-71　端面 C 轴加工验证效果

8. 外圆 C 轴加工

1）图层设置。设置图层 20 为主图层，关闭图层 10（仅打开图层 20），屏幕显示外圆文字、图案，如图 4-72 所示。

2）外圆 C 轴加工。选择菜单"刀具路径"—"C-轴"—"C-轴外形"，系统弹出"串连选项"对话框，如图 4-73 所示，单击窗口按钮。

图 4-72　图层设置　　　　　　　　图 4-73　"串连选项"对话框

3）窗选所有文字、图案，如图 4-74 所示，系统提示"输入搜寻点"，捕捉图中所示一端点，单击"串连选项"对话框中的确定按钮 ，系统弹出"C 轴刀具路径-C-轴外形"对话框，如图 4-75 所示。

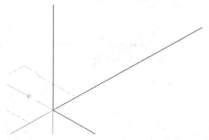

图 4-74　选择文字、图案

图 4-75　"C 轴刀具路径-C-轴外形"对话框

4）选择刀具。在"C 轴刀具路径-C-轴外形"对话框左侧的"参数类别列表"中选择"刀具"选项，出现刀具设置对话框，选择已有刀具 4 - 0.5-15, 锥度铣刀 ，设置"进给速率"为 200.0、"下刀速率"为 100.0、"提刀速率"为 2000.0、"主轴转速"为 10000，如图 4-76 所示。

图 4-76　刀具设置对话框

友情提示

◇　此处选择与端面 C 轴加工相同的刀具。

5）设置切削参数。在"C 轴刀具路径-C-轴外形"对话框左侧的"参数类别列表"中选择"切削参数"选项，出现切削参数设置对话框，如图 4-77 所示，设置"补正方式"为关。

图 4-77　切削参数设置对话框

6）设置高度参数。在"C 轴刀具路径-C-轴外形"对话框左侧的"参数类别列表"中选择"共同参数"选项，出现共同参数设置对话框，按图 4-78 所示设置参数，单击确定按钮。

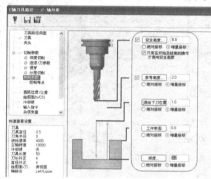

图 4-78　设置共同参数

7）旋转轴设置。在"C 轴刀具路径-C-轴外形"对话框左侧的"参数类别列表"中选择"旋转轴控制"选项，弹出旋转轴参数设置对话框，按图 4-79 所示设置参数，单击确定按钮。

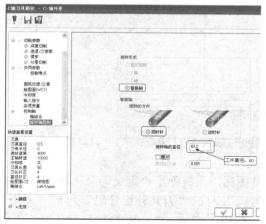

图 4-79　旋转轴参数设置对话框

8）完成外圆 C 轴加工操作创建，如图 4-80 所示，外圆 C 轴加工刀具路径如图 4-81 所示。

图 4-80   外圆 C 轴加工操作   图 4-81   外圆 C 轴加工刀具路径

9）实体验证。在"操作管理"对话框中选择操作"C-轴外形"，单击实体加工验证按钮 ，系统弹出"验证"对话框，按图 4-82 所示设置，单击 按钮，模拟结果如图 4-83 所示，单击确定按钮 ，结束实体验证。

图 4-82   "验证"对话框   图 4-83   外形 C 轴加工验证效果

9. 切断

1）图层设置。设置图层 1 为主图层，关闭图层 20（仅打开图层 1），屏幕仅显示工件、毛坯外形，如图 4-84 所示。

2）单击"刀具路径"—"截断"，系统提示"选择截断的边界点"，选择图 4-85 所示边界点。

图 4-84   图层设置   图 4-85   选择截断的边界点

3）系统弹出"车床-截断 属性"对话框，在"刀具路径参数"选项卡中选择 T151151 外圆截断车刀，如图 4-86 所示。

4）双击 T151151 刀具图标，系统弹出"定义刀具"对话框，如图 4-87 所示，单击"参数"选项卡，设置"刀具号码"为 6、"刀具补正号码"为 6、"刀塔号码"为 6，如图 4-86 所示，单击"根据材料计算"按钮 ，系统自动计算切削参数，单击确定按钮 。

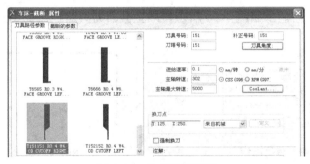

图 4-86　选择截断刀具

图 4-87　"定义刀具"对话框

5）系统返回"车床-截断 属性"对话框，并自动加载修改后的刀具号码和切削参数，如图 4-88 所示。

图 4-88　刀具路径参数

6）单击"截断的参数"选项卡，系统显示"截断的参数"选项卡对话框，按图 4-89 所示设置参数，单击确定按钮 ✓ 。

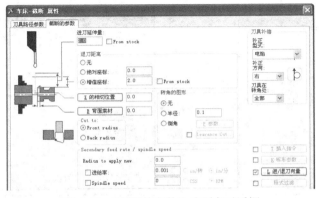

图 4-89　"截断的参数"选项卡对话框

7）完成截断操作创建，如图 4-90 所示，产生截断刀具路径，如图 4-91 所示。

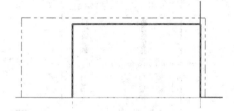

图 4-90　截断操作　　　　　　　　　图 4-91　截断刀具路径

8）实体验证。在"操作管理"对话框中选择最后三个操作，单击"操作管理"对话框中实体加工验证按钮，系统弹出"验证"对话框，单击按钮，模拟结果如图 4-92 所示，单击确定按钮，结束实体验证。

图 4-92　实体加工验证效果

友情提示

◇　若选择全部操作进行实体验证，则文字、图案加工效果看不清楚。

10. 后处理

1）在"操作管理"对话框中单击选择所有的操作按钮，选择所有操作，单击"操作管理"对话框的后处理按钮 G1，弹出"后处理程式"对话框，如图 4-93 所示。

2）勾选"NC 文件"选项及其下的"编辑"复选框，然后单击确定按钮，弹出"另存为"对话框，选择合适的目录后，单击确定按钮，打开"Mastercam X 编辑器"对话框，得到所需的 NC 代码，如图 4-94 所示。

图 4-93　"后处理程式"对话框　　　　　　　图 4-94　NC 代码

3）关闭"Mastercam X 编辑器"对话框，保存 Mastercam 文件，退出系统。

4.2 实例 2——轴套数控车铣复合加工

4.2.1 零件介绍

轴套零件如图 4-95 所示。

4.2.2 工艺分析

1. 零件形状和尺寸分析

该零件为圆柱和六棱柱的组合体，圆柱直径 75mm，长
30mm，六棱柱长 25mm，零件总长 55mm。

2. 毛坯尺寸

图 4-95　轴套零件

该零件尺寸精度要求不高，端面粗车（两次走刀）即可，外圆可分粗车和精车。

一般粗车直径余量为 1.5～4mm，半精车直径余量为 0.5～2.5mm，精车直径余量为 0.2～
1.0mm，根据毛坯直径=工件直径+粗加工余量+精加工余量，可确定毛坯直径为 80mm。

端面余量取 2mm 比较合适，同时考虑卡盘装夹长度约 15mm，截断尺寸 4mm，根据毛坯
长度=工件长度+端面余量+卡盘夹持部分长度+截断宽度，可确定毛坯长度为 80mm。

故毛坯尺寸为：ϕ80mm×80mm。

3. 工件装夹

由于工件尺寸不大，可采用自定心卡盘装夹。

4. 加工方案

首先根据毛坯尺寸下料，然后在车削中心上进行加工，具体数控加工工艺路线如下：

1）车端面。

2）粗车外圆。

3）精车外圆。

4）C 轴端面外形。

5）钻孔。

6）C 轴端面钻孔。

7）C 轴断面钻孔。

8）C 轴断面外形。

9）切断。

4.2.3 操作创建

1. 绘制图形

1）启动 Mastercam。启动 Mastercam X6，按 F9 键，显示坐标系。

2）指定绘图面和刀具面。单击"平面"工具栏上的"T 俯视图"按钮 ，指定

绘图面和刀具面为俯视图。

3）屏幕视角。单击"屏幕视角"工具栏上的"T 俯视图"按钮 ，屏幕视角与绘图平面一致，结果如图 4-96 所示。

4）绘制轴套和毛坯外形。用粗实线绘制轴套二维外形图，用双点画线绘制毛坯二维外形图，均只画 1/2 即可，用细实线补画两段直线，绘图过程略，结果如图 4-97 所示。

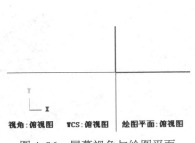

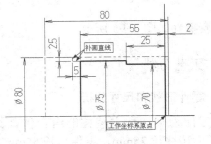

图 4-96　屏幕视角与绘图平面　　　　　　　图 4-97　轴套和毛坯外形

友情提示

◇　此处将工件坐标系原点指定在工件右端面的中心。

◇　图形完成后删除或隐藏尺寸。

◇　工件端面余量 2mm，直径余量 5mm。

◇　系统默认图层 1 为主图层（工作图层），到现在为止绘制的图素均位于图层 1。

5）设置图层 2 为主图层。单击屏幕下方状态区中"层别"按钮 层别，系统弹出"层别管理"对话框，输入"层别号码"为 2、名称为"右端面图形"，单击确定按钮 ✓。

6）状态区显示 层别 2：右端面图形 ，设置图层 2 为当前工作图层（主图层）。

7）指定绘图面为右视图。单击"平面"工具栏上的"R 右视图"按钮 R 右视图 (WCS)，指定绘图面为右视图，显示网格，结果如图 4-98 所示。

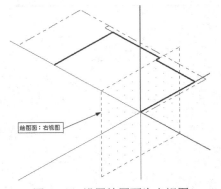

图 4-98　设置绘图面为右视图

友情提示

◇　请注意观察绘图面是否通过原点，否则修改构图深度。

8）绘制右端面图形。关闭图层 1，单击"屏幕视角"工具栏上的"R 右视图"按钮，屏幕视角与绘图平面一致。

9）单击"草图"工具栏的"画多边形"按钮 ◇ 画多边形 ，绘制内切圆直径为 60mm 的六边形，单击 ⊕ 圆心+点 按钮，绘制直径为 30mm 的圆，结果如图 4-99 所示。

10）绘制直径 10mm 的六个圆。首先绘制一个圆心（24，0）、直径 10mm 的圆，再旋转复制即可，结果如图 4-100 所示。

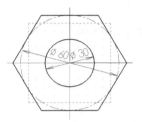
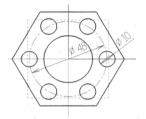

图 4-99　六边形和孔　　　　　　　图 4-100　绘制直径 10mm 的圆

友情提示

❖　旋转复制次数为 5。

11）设置图层 3 为主图层。单击屏幕下方状态区中"层别"按钮 层别 ，系统弹出"层别管理"对话框，输入"层别号码"为 3、名称为"孔位置线"，单击确定按钮 ✓ 。

12）状态区显示 层别 3：孔位置线 ▼ ，设置图层 3 为当前工作图层（主图层），关闭图层 2。

13）设置构图（工作）深度。在状态区的"Z"轴输入框输入-12.5 后回车，状态区上的 Z 轴按钮显示 Z-12.5 ▼ ，结果如图 4-101 所示。

14）绘制孔位置线。单击"绘制任意线"按钮 ＼ ，输入起点坐标（0，0-12.5）、终点坐标（0，30，-12.5），绘制一孔位置线，再以（0，0，-12.5）为旋转中心，复制得到另外 5 条孔位置线，结果如图 4-102 所示。

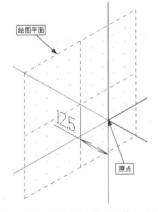
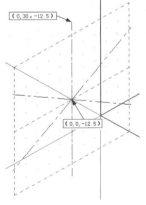

图 4-101　设置构图（工作）深度　　　　图 4-102　绘制孔位置线

15）设置图层 4 为主图层。单击屏幕下方状态区中"层别"按钮 层别 ，系统弹出"层别管理"对话框，输入"层别号码"为 4、名称为"键槽位置线"，单击确定按钮 ✓ 。

16）状态区显示 层别 4：键槽位置线，设置图层 4 为当前工作图层（主图层），关闭图层 3。

17）绘制键槽位置线。单击"绘制任意线"按钮 ✎，输入起点坐标（0，37.5，−31）、终点坐标（0，37.5，−49），绘制一键槽位置线，再以（0，0，0）为旋转中心，复制得到另外 3 条键槽位置线，结果如图 4-103 所示。

操作技巧

✧ 绘制键槽位置线之前，请检查刀具/绘图面是否为右视图。

友情提示

✧ 点坐标是相对于工作坐标系而言。
✧ 工作坐标系随刀具/绘图面变化。

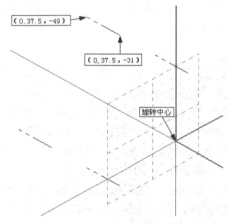

图 4-103　绘制键槽位置线

2. 选择机床

单击菜单"机床类型"—"车削"—"默认"，结果如图 4-104 所示。

图 4-104　选择机床

3. 材料设置

1）图层设置。设置图层 1 为主图层，关闭其余图层，同时关闭网格（不显示网格），屏幕仅显示工件和毛坯外形，如图 4-105 所示。

2）单击图 4-104 所示"操作管理"中 ◇ 材料设置，系统弹出"机器群组属性"对话框，如图 4-106 所示，单击"参数"按钮 参数 。

图 4-105　图层设置

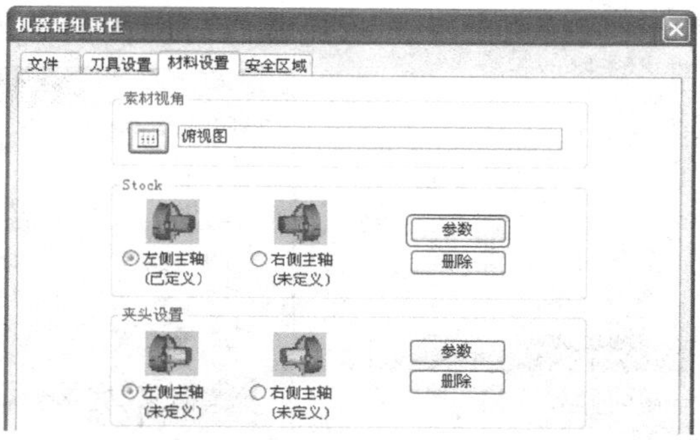

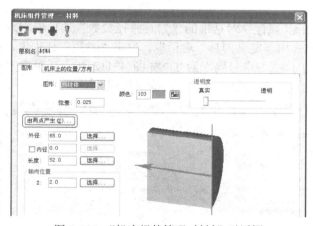

图 4-106　"机器群组属性"对话框

3）系统弹出"机床组件管理-材料"对话框，如图 4-107 所示，单击"由两点产生"按钮
由两点产生(2)… 。

图 4-107　"机床组件管理-材料"对话框

4）根据屏幕提示，如图 4-108 所示，依次选择定义圆柱体的第一点、第二点。

5）系统返回"机床组件管理-材料"对话框，单击确定按钮 ，系统返回"机器群组属性"对话框，单击确定按钮 ，完成材料设置，结果如图 4-109 所示。

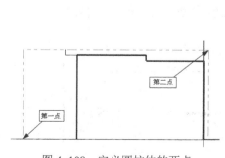

图 4-108　定义圆柱体的两点

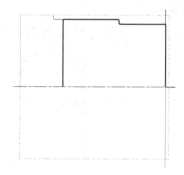

图 4-109　材料设置结果

4. 车端面

1）单击"刀具路径"—"车端面"，系统弹出"输入新 NC 名称"对话框，如图 4-110 所示，单击确定按钮 ✓，系统弹出"车床-车端面 属性"对话框，如图 4-111 所示。

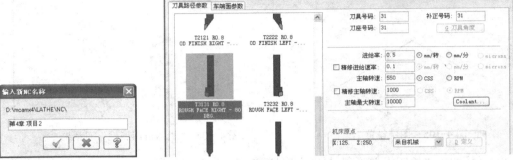

图 4-110　"输入新 NC 名称"　　　　图 4-111　"车床-车端面 属性"对话框
　　　　　　对话框

2）在"车床-车端面 属性"对话框的"刀具路径参数"选项卡中双击 T3131 刀具图示，如图 4-111 所示，系统弹出"定义刀具"对话框，单击"参数"选项卡，设置"刀具号码"为 1、"刀具补正号码"为 1、"刀塔号码"为 1，如图 4-112 所示，单击"根据材料计算"按钮 C根据材料计算，系统自动计算切削参数，单击确定按钮 ✓。

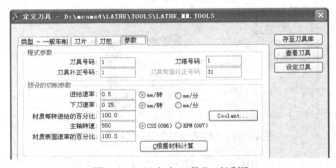

图 4-112　"定义刀具"对话框

3）系统返回"车床-车端面 属性"对话框，系统自动加载修改后的刀具号码和切削参数，如图 4-113 所示。

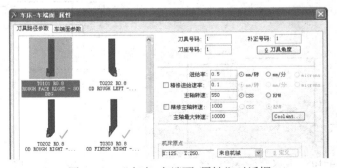

图 4-113　"车床-车端面 属性"对话框

4）单击"车端面参数"选项卡，系统显示"车端面参数"选项卡对话框，按图 4-114 所示设置参数，勾选 ⊙ ▢ S选点 ，单击"选点"按钮 ▢ S选点 。

5）系统提示"选择第一边界点，再选择第一点"，接着系统提示"选择第二边界点，再选择第二点"，如图 4-115 所示。系统返回"车端面参数"选项卡对话框，如图 4-114 所示，单击确定按钮 ▢ 。

6）完成车端面操作创建，如图 4-116 所示，产生加工刀具路径，如图 4-117 所示。

7）实体验证。单击"操作管理"对话框中的实体加工验证按钮 ⬤，系统弹出"验证"对话框，单击 ▶ 按钮，模拟结果如图 4-118 所示，单击确定按钮 ▢ ，结束实体验证。

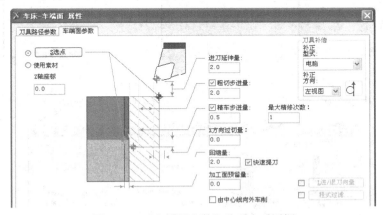

图 4-114　"车端面参数"选项卡对话框

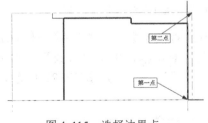

图 4-115　选择边界点

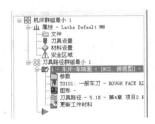

图 4-116　车端面操作

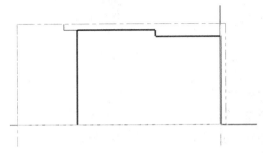

图 4-117　生成刀具路径

图 4-118　实体加工验证效果

5. 粗车外圆

1）粗车。单击"刀具路径"—"粗车"，系统弹出"串连选项"对话框，如图 4-119 所示。

2）串连外形。单击图 4-119 "串连选项"对话框中的部分串连按钮，按图 4-120 所示步骤选择外形边界，单击"串连选项"对话框中的确定按钮，系统弹出"车床粗加工 属性"对话框，如图 4-121 所示。

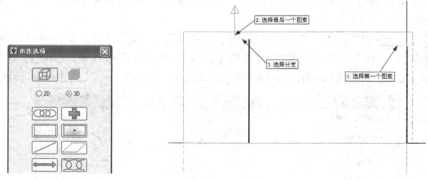

图 4-119 "串连选项"对话框　　　　　图 4-120 串连外形

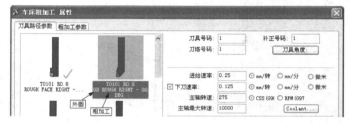

图 4-121 "车床粗加工 属性"对话框

3）在"车床粗加工 属性"对话框的"刀具路径参数"选项卡中双击 T0101 外圆车刀图示，如图 4-121 所示，系统弹出"定义刀具"对话框，单击"参数"选项卡，设置"刀具号码"为 2、"刀具补正号码"为 2、"刀塔号码"为 2，如图 4-122 所示，单击确定按钮。

图 4-122 "定义刀具"对话框

4）系统返回"车床粗加工 属性"对话框，系统自动加载修改后的刀具号码和补正号码，如图 4-123 所示，设置"进给速率"为 0.5、"主轴转速"为 275。

5）单击"粗加工参数"选项卡，系统显示"粗加工参数"选项卡对话框，按图 4-124 所示设置参数，单击确定按钮。

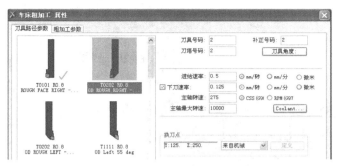

图 4-123　"车床粗加工 属性"对话框

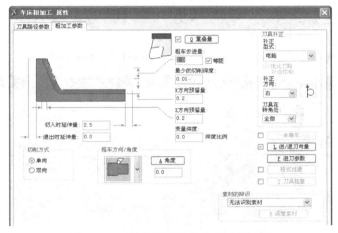

图 4-124　"粗加工参数"选项卡对话框

6）完成粗车外圆操作创建，如图 4-125 所示，粗加工刀具路径如图 4-126 所示。

7）实体验证。在"操作管理"对话框中单击选择所有操作按钮，单击"操作管理"对话框中的实体加工验证按钮，系统弹出"验证"对话框，单击 ▶ 按钮，模拟结果如图 4-127 所示，单击确定按钮，结束实体验证。

图 4-125　粗车外圆操作

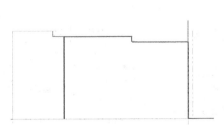

图 4-126　粗车刀具路径

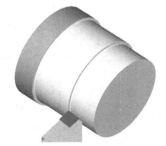

图 4-127　粗车实体加工验证

6. 精车外圆

1）单击"刀具路径"—"精车"，系统弹出"串连选项"对话框，如图 4-128 所示。

2）串连外形。单击图 4-128 中的部分串连按钮，按图 4-129 所示步骤选择外形边界，单击"串连选项"对话框中的确定按钮，系统弹出"车床-精车 属性"对话框，如图 4-130

所示。

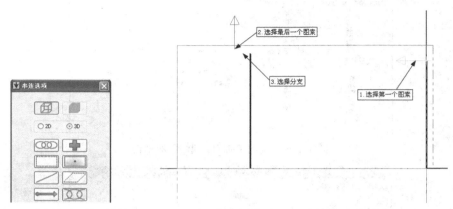

图 4-128　"串连选项"对话框　　　　　　　　图 4-129　串连外形

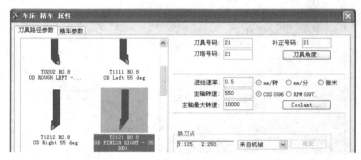

图 4-130　"车床-精车 属性"对话框

3）在"车床-精车 属性"对话框的"刀具路径参数"选项卡中双击 T2121 外圆精车刀图示，如图 4-130 所示，系统弹出"定义刀具"对话框，单击"参数"选项卡，设置"刀具号码"为 3、"刀具补正号码"为 3、"刀塔号码"为 3，如图 4-131 所示，单击确定按钮▢。

图 4-131　"定义刀具"对话框

4）系统返回"车床-精车 属性"对话框，系统自动加载修改后的刀具号码和补正号码，如图 4-132 所示，设置"进给速率"为 0.2、"主轴转速"为 550。

5）单击"精车参数"选项卡，系统显示"精车参数"选项卡对话框，按图 4-133 所示设置参数，单击确定按钮▢。

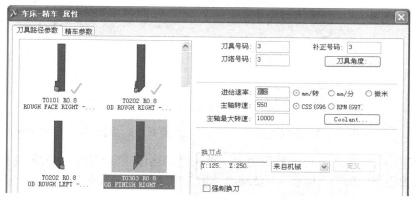

图 4-132　"车床-精车 属性"对话框

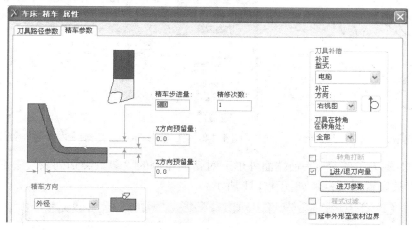

图 4-133　"精车参数"选项卡对话框

6）完成精车外圆操作创建，如图 4-134 所示，精车刀具路径如图 4-135 所示。

7）实体验证。在"操作管理"对话框中单击选择所有操作按钮 ，单击"操作管理"对话框中的实体加工验证按钮 ，系统弹出"验证"对话框，单击 按钮，模拟结果如图 4-136 所示，单击确定按钮 ，结束实体验证。

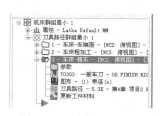

图 4-134　精车外圆操作

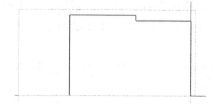

图 4-135　精车刀具路径

图 4-136　精车外圆实体加工验证

7．C 轴端面外形——铣六边形

1）图层设置。设置图层 2 为主图层，关闭图层 1，屏幕显示端面图形，如图 4-137 所示。

2）端面 C 轴加工。选择菜单"刀具路径"—"C-轴"—"端面外形"，系统弹出"串连选项"对话框，如图 4-138 所示，单击串连按钮 。

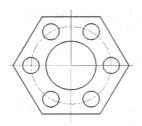 

图 4-137　图层设置　　　　　　　图 4-138　"串连选项"对话框

3）选择图 4-139 所示六边形外形边界，单击"串连选项"对话框中的确定按钮 ☑。

4）系统弹出"C 轴刀具路径-C-轴端面外形"对话框，如图 4-140 所示。

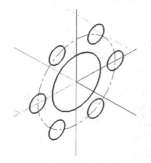 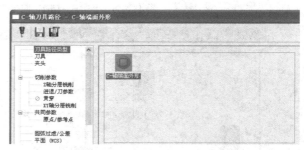

图 4-139　选取六边形外形边界　　　　图 4-140　"C 轴刀具路径-C-轴端面外形"对话框

5）在"C 轴刀具路径-C-轴端面外形"对话框左侧的"参数类别列表"中选择"刀具"选项，出现刀具设置对话框，如图 4-141 所示。

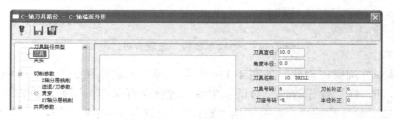

图 4-141　刀具设置对话框

6）刀库选刀。单击"从刀库中选择"按钮，系统弹出"选择刀具"对话框，选择"刀具号码"为 221、"直径"为 12 的平底刀，如图 4-142 所示，单击"选择刀具"对话框中的确定按钮 ☑。

图 4-142　"选择刀具"对话框

7）系统返回刀具设置对话框，按图 4-143 所示修改刀具号码和设置刀具参数。

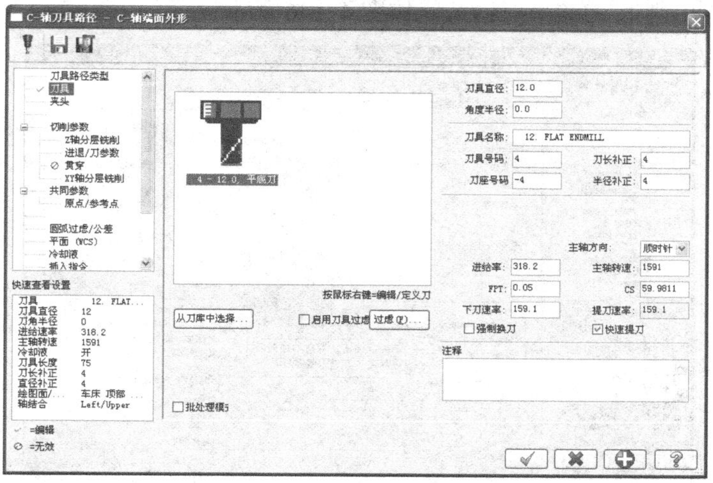

图 4-143　设置刀具参数

8）在"C 轴刀具路径-C-轴端面外形"对话框左侧的"参数类别列表"中选择"切削参数"选项，出现切削参数对话框，按图 4-144 所示设置。

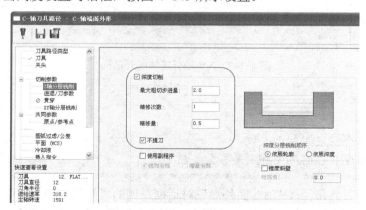

图 4-144　设置切削参数

9）在"C 轴刀具路径-C-轴端面外形"对话框左侧的"参数类别列表"中选择"Z 轴分层铣削"选项，弹出高度设置对话框，按图 4-145 所示设置。

图 4-145　高度设置对话框

10）在"C 轴刀具路径-C-轴端面外形"对话框左侧的"参数类别列表"中选择"进退/刀参数"选项，弹出进退/刀参数对话框，按图 4-146 所示设置。

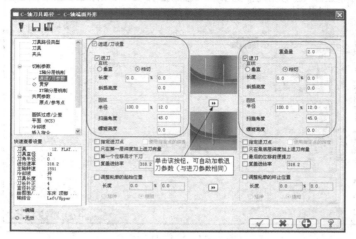

图 4-146　进退/刀参数对话框

友情提示

◇　设置进退/刀参数可避免垂直踩刀。

◇　进退/刀采用切向切入/出比较好。

11）在"C 轴刀具路径-C-轴端面外形"对话框左侧的"参数类别列表"中选择"XY 轴分层铣削"选项，弹出 XY 轴分层铣削对话框，如图 4-147 所示设置。

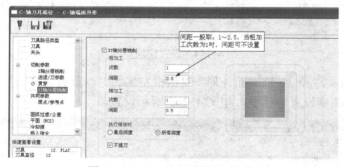

图 4-147　XY 轴分层铣削对话框

友情提示

◇　根据余量大小确定粗加工次数。

◇　根据尺寸精度和表面质量确定是否需要精加工。

12）在"C 轴刀具路径-C-轴端面外形"对话框左侧的"参数类别列表"中选择"共同参数"选项，弹出共同参数设置对话框，按图 4-148 所示设置，单击确定按钮 ✓ 。

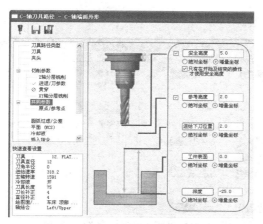

图 4-148　共同参数设置对话框

13）完成 C 轴端面外形——六边形铣削操作创建，如图 4-149 所示，产生加工刀具路径，如图 4-150 所示。

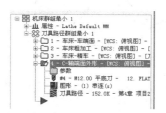

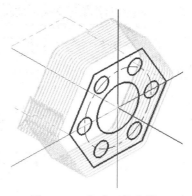

图 4-149　C 轴端面外形——六边形铣削操作　　　　图 4-150　生成刀具路径

14）实体验证。在"操作管理"对话框中单击选择所有操作按钮 ▧，单击"操作管理"对话框中的实体加工验证按钮 ◉，系统弹出"验证"对话框，单击 ▶ 按钮，模拟结果如图 4-151 所示，单击确定按钮 ✔，结束实体验证。

图 4-151　实体加工验证效果

8. 钻孔

1）单击"刀具路径"—"钻孔"，系统弹出"车床-钻孔 属性"对话框，按图 4-152 所示设置刀具号码和切削参数。

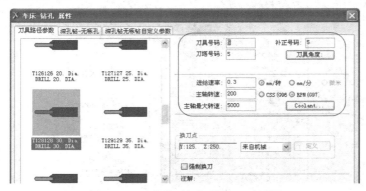

图 4-152 "车床-钻孔 属性"对话框

2）单击"深孔钻-无啄孔"选项卡，系统显示"深孔钻-无啄孔"选项卡对话框，按图 4-153 所示设置参数，单击确定按钮。

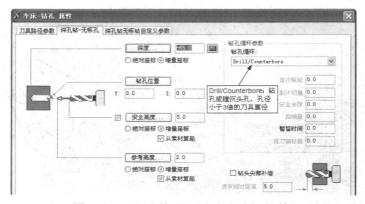

图 4-153 "深孔钻-无啄孔"选项卡对话框

3）完成钻孔操作创建，如图 4-154 所示，产生加工刀具路径，如图 4-155 所示。

图 4-154 钻孔操作

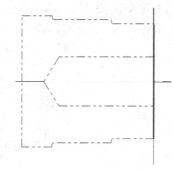

图 4-155 钻孔刀具路径

4）实体验证。在"操作管理"对话框中单击选择所有操作按钮，单击实体加工验证按钮，系统弹出"验证"对话框，单击"机床"按钮，模拟结果如图 4-156 所示，单击确定按钮，结束实体验证。

图 4-156　钻孔实体加工验证

友情提示

◇　孔轴线与主轴旋转轴线重合时，不必使用 C 轴钻孔功能。

◇　对于精度要求不高的孔，当孔径小于 30mm 时，可采用钻—扩方案；当孔径大于 30mm 时，可采用钻—镗方案，限于篇幅，这里直接钻孔至尺寸。

9. C 轴端面钻孔

1）选择"刀具路径"—"C-轴"—"端面钻孔"，系统弹出"选取钻孔的点"对话框，如图 4-157 所示，选取图 4-158 所示的点为钻孔位置，单击确定按钮 ✓，系统弹出"C 轴刀具路径-C-轴端面钻孔"对话框，如图 4-159 所示。

图 4-157　"选取钻孔的点"对话框

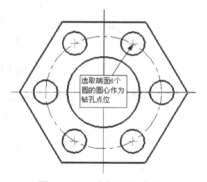

图 4-158　选择钻孔点位

图 4-159　"C 轴刀具路径-C-轴端面钻孔"对话框

2）在"C 轴刀具路径-C-轴端面钻孔"对话框左侧的"参数类别列表"中选择"刀具"选项，出现刀具设置对话框，如图 4-160 所示。

图 4-160　刀具设置对话框

3）刀库选刀。单击"从刀库中选择"按钮，系统弹出"选择刀具"对话框，选择"刀具号码"为 20、"直径"为 10 的钻头，如图 4-161 所示，单击"选择刀具"对话框中的确定按钮✓。

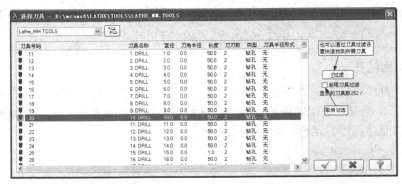

图 4-161　"选择刀具"对话框

4）系统返回刀具设置对话框，按图 4-162 所示设置刀具参数。

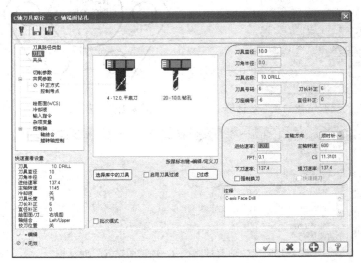

图 4-162　设置刀具参数

5）在"C 轴刀具路径-C-轴端面钻孔"对话框左侧的"参数类别列表"中选择"切削参数"选项，出现切削参数对话框，按图 4-163 所示设置。

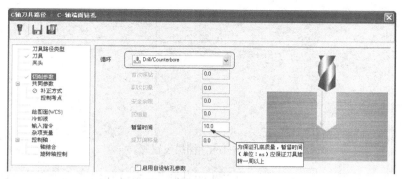

图 4-163　设置切削参数

6）在"C 轴刀具路径-C-轴端面钻孔"对话框左侧的"参数类别列表"中选择"共同参数"选项，弹出共同参数设置对话框，按图 4-164 所示设置，单击确定按钮 ✓ 。

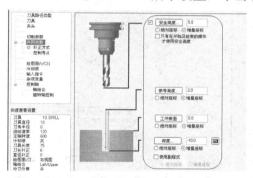

图 4-164　共同参数设置对话框

7）完成 C 轴端面钻孔操作创建，如图 4-165 所示，产生加工刀具路径，如图 4-166所示。

8）实体验证。在"操作管理"对话框中单击选择所有操作按钮 ✓ ，单击"操作管理"对话框中的实体加工验证按钮 🔊 ，系统弹出"验证"对话框，单击 ▶ 按钮，模拟结果如图 4-167所示，单击确定按钮 ✓ ，结束实体验证。

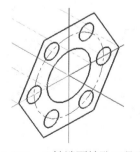

图 4-165　C 轴端面钻孔操作　　图 4-166　C 轴端面钻孔刀具路径　　图 4-167　实体加工验证效果

10. C 轴断面钻孔

1）图层设置。设置图层 3 为主图层，关闭其余图层，屏幕显示径向孔位置线，如图 4-168所示。

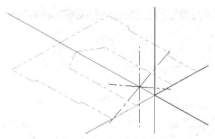

图 4-168　图层设置

2）选择"刀具路径"—"C-轴"—"断面钻孔"，系统弹出"选取钻孔的点"对话框，如图 4-169 所示，选取图 4-170 所示的点为钻孔位置，单击确定按钮，系统弹出"C 轴刀具路径-C-轴断面钻孔"对话框，如图 4-171 所示。

图 4-169　"选取钻孔的点"对话框

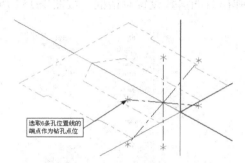

选取6条孔位置线的端点作为钻孔点位

图 4-170　选择钻孔点位

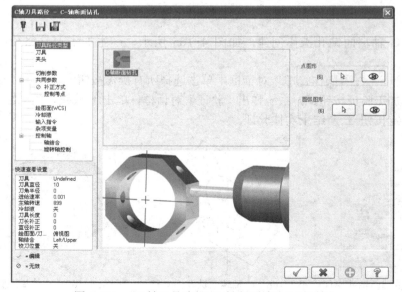

图 4-171　"C 轴刀具路径-C-轴断面钻孔"对话框

3）在"C 轴刀具路径-C-轴断面钻孔"对话框左侧的"参数类别列表"中选择"刀具"选项，出现刀具设置对话框，如图 4-172 所示，选择 6 号刀具（直径 10 钻头），并按图示设置切削参数。

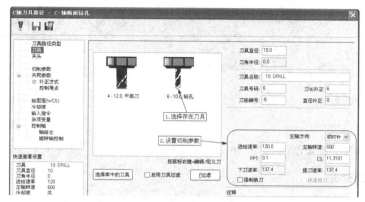

图 4-172　刀具设置对话框

4）在"C 轴刀具路径-C-轴断面钻孔"对话框左侧的"参数类别列表"中选择"切削参数"选项，出现切削参数对话框，按图 4-173 所示设置。

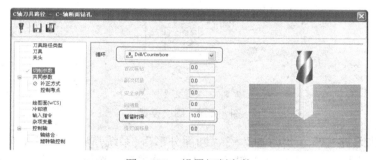

图 4-173　设置切削参数

5）在"C 轴刀具路径-C-轴断面钻孔"对话框左侧的"参数类别列表"中选择"共同参数"选项，弹出共同参数设置对话框，按图 4-174 所示设置，单击确定按钮 ☑ 。

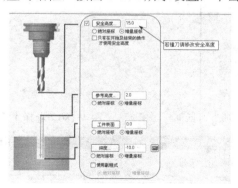

图 4-174　共同参数设置对话框

6）完成 C 轴断面钻孔操作创建，如图 4-175 所示，产生加工刀具路径，如图 4-176 所示。

7）实体验证。在"操作管理"对话框中单击选择所有操作按钮 ，单击"操作管理"对话框中的实体加工验证按钮 ，系统弹出"验证"对话框，单击 ▶ 按钮，模拟结果如图 4-177 所示，单击确定按钮 ☑ ，结束实体验证。

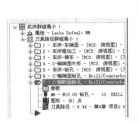

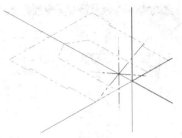

图 4-175　C 轴断面钻孔操作　　图 4-176　C 轴断面钻孔刀具路径　　图 4-177　实体加工验证效果

11. C 轴断面外形

1）图层设置。设置图层 4 为主图层，关闭其余图层，屏幕显示键槽位置线，如图 4-178 所示。

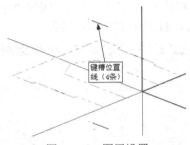

图 4-178　图层设置

2）选择"刀具路径"—"C-轴"—"断面外形"，系统弹出"串连选项"对话框，如图 4-179 所示，选取图 4-180 所示 4 条键槽位置线，单击确定按钮☑，系统弹出"C 轴刀具路径-C-轴断面外形"对话框，如图 4-181 所示。

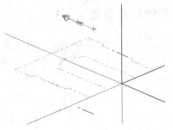

图 4-179　"串连选项"对话框　　　　　图 4-180　选择 4 条键槽位置线

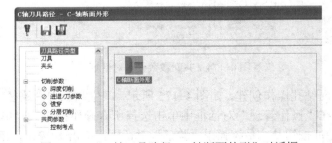

图 4-181　"C 轴刀具路径-C-轴断面外形"对话框

3）在"C 轴刀具路径-C-轴断面外形"对话框左侧的"参数类别列表"中选择"刀具"
选项，出现刀具设置对话框，如图 4-182 所示。

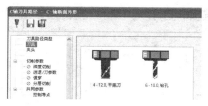

图 4-182　刀具设置对话框

4）刀库选刀。单击"从刀库中选择"按钮，系统弹出"选择刀具"对话框，选择"刀具
号码"为 217、"直径"为 8 的平底刀，如图 4-183 所示，单击"选择刀具"对话框中的确定
按钮☑，系统返回刀具设置对话框，按图 4-184 所示设置刀具参数。

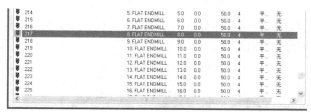

图 4-183　"选择刀具"对话框

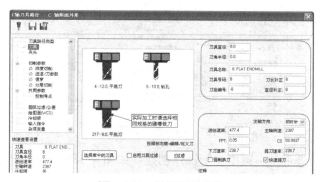

图 4-184　设置刀具参数

5）在"C 轴刀具路径-C-轴断面外形"对话框左侧的"参数类别列表"中选择"切削参
数"选项，出现切削参数对话框，按图 4-185 所示设置。

图 4-185　设置切削参数

6）在"C 轴刀具路径-C-轴断面外形"对话框左侧的"参数类别列表"中选择"深度切削"选项，弹出深度切削设置对话框，按图 4-186 所示设置。

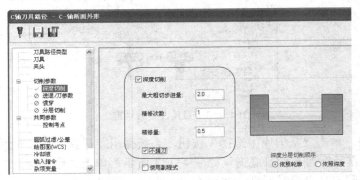

图 4-186　深度切削设置对话框

7）在"C 轴刀具路径-C-轴断面外形"对话框左侧的"参数类别列表"中选择"共同参数"选项，弹出共同参数设置对话框，按图 4-187 所示设置，单击确定按钮。

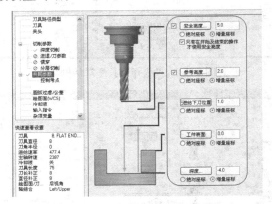

图 4-187　共同参数设置对话框

8）完成 C 轴断面外形——键槽铣削操作创建，如图 4-188 所示，产生加工刀具路径，如图 4-189 所示。

9）实体验证。在"操作管理"对话框中单击选择所有操作按钮，单击"操作管理"对话框中的实体加工验证按钮，系统弹出"验证"对话框，单击▶按钮，模拟结果如图 4-190 所示，单击确定按钮，结束实体验证。

图 4-188　C 轴断面外形——键槽铣削操作

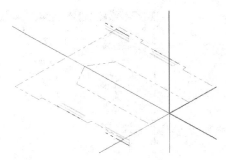

图 4-189　生成刀具路径

图 4-190　实体加工验证效果

12. 切断

1）图层设置。设置图层 1 为主图层，关闭其余图层，屏幕仅显示工件、毛坯外形，如图 4-191 所示。

2）单击"刀具路径"—"截断"，系统提示"选择截断的边界点"，选择图 4-192 所示边界点。

图 4-191　图层设置

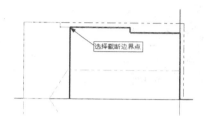

图 4-192　选择截断的边界点

3）系统弹出"车床-截断 属性"对话框，在"刀具路径参数"选项卡中选择 T151151 外圆截断车刀，按图 4-193 所示设置参数。

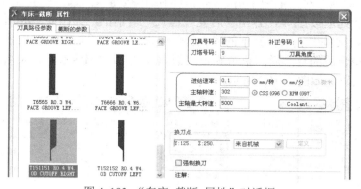

图 4-193　"车床-截断 属性"对话框

4）单击"截断的参数"选项卡，系统显示"截断的参数"选项卡对话框，按图 4-194 所示设置参数，单击确定按钮。

5）完成截断操作创建，如图 4-195 所示，产生截断加工刀具路径，如图 4-196 所示。

6）实体验证。在"操作管理"对话框中选择最后三个操作，单击"操作管理"对话框中的实体加工验证按钮，系统弹出"验证"对话框，单击▶按钮，模拟结果如图 4-197 所示，单击确定按钮，结束实体验证。

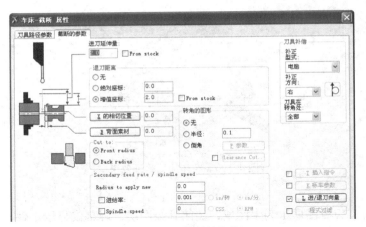

图 4-194　截断的参数

图 4-195　截断操作

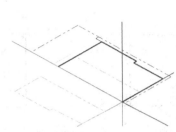

图 4-196　截断刀具路径

图 4-197　实体加工验证效果

13. 后处理

1）在"操作管理"对话框中单击选择所有的操作按钮，选择所有操作，单击"操作管理"对话框中的后处理按钮 G1，弹出"后处理程式"对话框，如图 4-198 所示。

2）勾选"NC 文件"选项及其下的"编辑"复选框，然后单击确定按钮，弹出"另存为"对话框，选择合适的目录后，单击确定按钮，打开"Mastercam X 编辑器"对话框，得到所需的 NC 代码，如图 4-199 所示。

图 4-198　"后处理程式"对话框

图 4-199　NC 代码

3）关闭"Mastercam X 编辑器"对话框，保存 Mastercam 文件，退出系统。

4.3　小结

车铣复合加工中心相当于一台数控车床和一台加工中心的复合。目前，大多数的车铣复合加工在车削中心上完成，而一般的车削中心只是把数控车床的普通转塔刀架换成带动力刀具的转塔刀架，主轴增加 C 轴功能。在绘制几何模型时，通常需要绘制三维线架构图。

4.4　练习与思考

完成图 4-200 所示图形的车铣复合加工。要求：①绘制其三维线架构图形；②确定合理的毛坯形状和尺寸；③选用合适的加工方法加工出零件；④有粗加工和精加工。

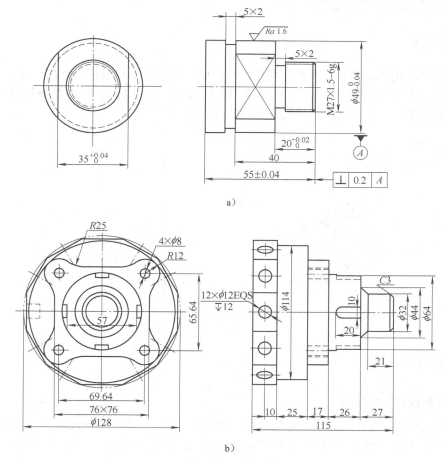

图 4-200　练习题

第5章 多轴加工

5.1 梅花柱的四轴加工

5.1.1 零件介绍

　　梅花柱零件结构是在圆柱形表面加工梅花形凹槽，并在两端雕刻环形纹路，如图 5-1 所示。根据零件的结构特征分析，该零件适合采用四轴机床进行加工，在程序的编制过程中，运用二维挖槽和外形加工方法中的"替换轴"功能进行四轴编程。

图 5-1　梅花柱外形图

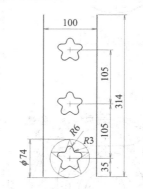

图 5-2　梅花柱结构尺寸图

5.1.2 工艺分析

1. 零件形状和尺寸分析

　　该零件为圆柱体，零件表面有梅花形凹槽，凹槽最小内凹角半径为 6mm，凸角半径为 3mm，如图 5-2 所示，槽深 5mm，每个槽的中心距为 105mm，圆柱两端有 1.0mm 深的刻线。

2. 毛坯尺寸

　　毛坯采用已经过精车加工的圆柱形毛坯，直径为 100mm，长为 180mm，预留装夹位。

3. 工件装夹

　　本工件在加工时可以直接装夹在四轴数控机床的 A 轴回转工作台上，由于毛坯较短、直径较大，因此工艺系统刚性较好，可以不采用顶尖装夹。

4. 加工方案

用平底刀采用螺旋线下刀方式进行挖槽加工，然后应用雕刻刀进行环状外形雕刻。

5.1.3　相关知识

1. 四轴加工技术简介

四轴加工是在三个线性轴（X、Y、Z）的基础上，增加一个旋转轴运动，机床在完成三轴铣削加工的同时，工件可以在转台上进行回转运动，目前主要应用于复杂圆柱凸轮、叶片曲面、回转体面雕刻、挖槽等加工，可以加工形状复杂的异形件。

2. 常见四轴联动加工机床结构

图 5-3 所示是最常见的四轴联动数控加工机床结构，它除了具有 X、Y、Z 三个线性轴之外，增加了一个 A 轴回转工作台，因此加工时，刀具可以在圆柱面上加工复杂形状的沟槽。图 5-4 和图 5-5 是常见的在四轴机床上加工的零件。

图 5-3　四轴联动加工中心

图 5-4　圆柱凸轮

图 5-5　异形槽零件

5.1.4　操作创建

1. 绘制二维图形

1）绘制两条雕刻线。打开 Mastercam X6 软件，将构图面设置为俯视图 🔳▼，单击直线命令 ＼▼，将直线设置为垂直线模式 ▯，捕捉坐标原点，设置直线长度为 314，单击确定按钮 ✅，完成直线 1 的绘制，如图 5-6 所示。单击直线命令中的平行线命令 ＼▼，选择刚刚创建的直线 1，设置平行距离为  100.0，在直线 1 左侧单击，然后单击确定按钮✓完成直线 2 的绘制。

2）绘制圆、五边形。单击绘制圆命令 ⊕ ▼，输入圆心点坐标"50，35，0，"，设置圆直径为 ⊙ 74.0，单击确定按钮✓完成圆的绘制，如图 5-6 所示。单击多边形命令 ⬡ ▼，系统弹出"多边形选项"对话框，如图 5-7 所示，设置圆半径为 37、边数为 5、方式为内接圆，在绘图区捕捉圆心，单击确定按钮✓完成五边形的绘制，如图 5-6 所示。单击直线命令 ↖ ▼，依次将五边形顶点连接成五角星，如图 5-6 所示。

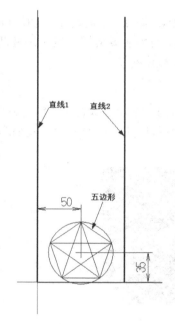

图 5-6　直线、圆、五边形绘制

图 5-7　"多边形选项"对话框

3）修剪与倒圆角。单击修剪命令 ✂，对五角星内部进行修剪操作，如图 5-8 所示，单击倒圆角命令 ⌐ ▼，分别倒 R6 与 R3 的圆角，如图 5-9 所示，删除所有辅助线，完成梅花形图案绘制，如图 5-10 所示。

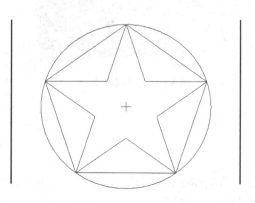

图 5-8　五角星修剪

图 5-9　倒 R6 与 R3 圆角

图 5-10 删除辅助线的梅花图案

4）图形的复制。单击移动命令 ，系统弹出"平移选项"对话框，如图 5-11 所示，根据系统提示，选择已绘制好的梅花图案，在"平移选项"对话框中，设置移动的方式为"复制"，"次数"为 2，Y 方向移动增量为 105.0，其他选项默认，单击确定按钮 ☑ 完成梅花图案的移动复制，如图 5-12 所示。

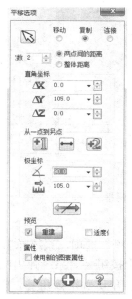

图 5-11 "平移选项"对话框

图 5-12 图形的移动复制

2. 选择机床

单击菜单"机床类型"—"铣床"—"默认"，系统在"刀具操作管理器"对话框中产生图 5-13 所示默认铣床群组，单击"属性"左侧的展开按钮 ⊞，显示下一级选项。

图 5-13 "刀具操作管理器"对话框

3. 材料设置

单击图 5-13 中的"素材设置"选项，系统弹出图 5-14 所示"机器群组属性"对话框，选择"素材设置"选项卡，设置素材"形状"为"圆柱体"，"轴向"为"X"，素材直径为 100.0，长度为 120.0，素材原点的"视角坐标在"为"X-10，Y0"，单击 ✓ 按钮完成毛坯设置。

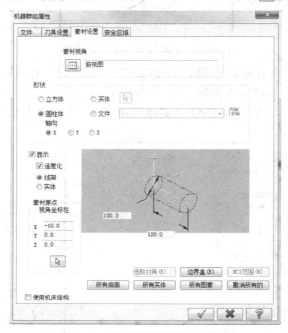

图 5-14 "机器群组属性"对话框

4. 四轴挖槽加工

1）选择加工方法。选择菜单"刀具路径"—"2D 挖槽"选项，系统弹出"输入新的 NC 名"对话框，输入 NC 名为"梅花柱四轴挖槽"，单击确定按钮 ✓，系统弹出图 5-15 所示"串联选项"对话框，分别选择图 5-16 中的三个梅花形图案，单击确定按钮 ✓，系统弹出图 5-17 所示"2D 刀具路径-2D 挖槽"对话框。

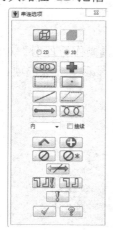

图 5-15 "串连选项"对话框

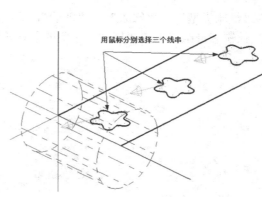

图 5-16 选择线串

2）设置刀具。选择图 5-17 左侧的"刀具"选项，然后用鼠标右键在右侧空白处单击，系统弹出右键菜单，如图 5-17 所示，选择"创建刀具（N）…"选项，系统弹出"定义刀具"对话框，选择刀具类型为"平底刀"，系统弹出图 5-18 所示"定义刀具-Machine Group-1"对话框，按图 5-18 所示设置刀具参数，单击确定按钮 ✓，完成刀具设置。

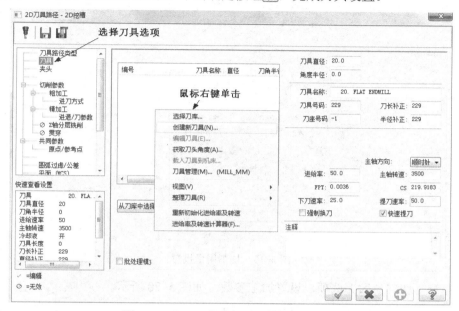

图 5-17 "2D 刀具路径-2D 挖槽"对话框

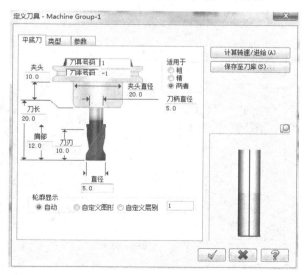

图 5-18 "定义刀具-Machine Group-1"对话框

3）设置加工参数。在图 5-17"2D 刀具路径-2D 挖槽"对话框中，设置"刀具号码""刀长补正""半径补正"均为1、"进给率"为300.0、"下刀速率"为100.0、"主轴转速"为 2000、"提刀速率"为"快速提刀"，如图 5-19 所示，单击确定按钮 ✓，完成切削用量设置。

图 5-19　切削用量设置

选择左侧"切削参数"选项，设置加工参数，如图 5-20 所示。

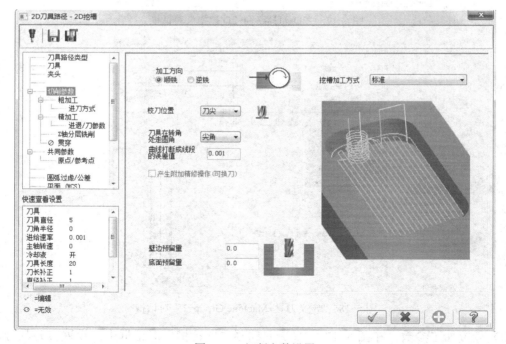

图 5-20　切削参数设置

选择"粗加工"—"进刀方式"选项，采用螺旋下刀方式，设置加工参数，如图 5-21 所示。

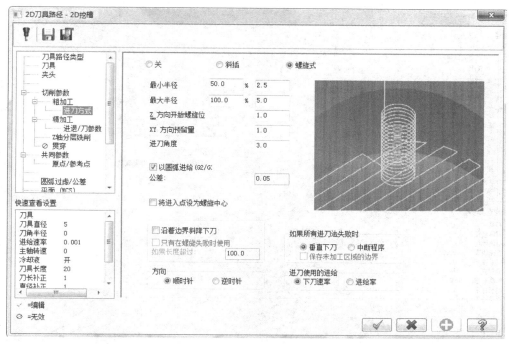

图 5-21　设置下刀方式

选择"精加工"选项,按图 5-22 所示进行精加工参数设置。

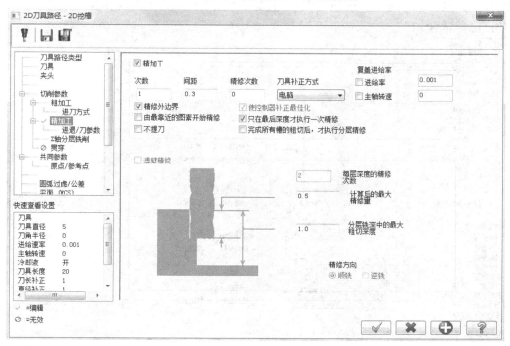

图 5-22　精加工参数设置

选择"Z 轴分层铣削"选项,按图 5-23 所示进行设置。

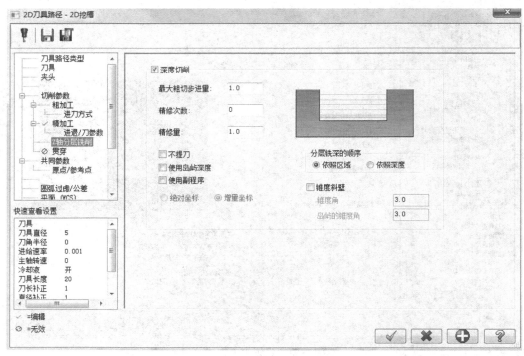

图 5-23　Z 轴分铣削参数设置

选择"共同参数"选项，按图 5-24 所示设置安全平面及加工深度等参数。

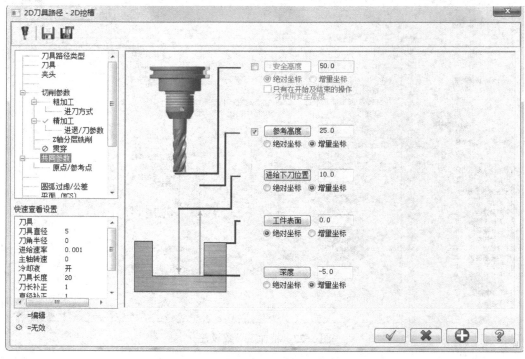

图 5-24　共同参数设置

选择图 5-25 所示"旋转轴控制"选项，设置"旋转形式"为"替换轴"、"替换轴"为"替换 Y 轴"、"旋转轴方向"设置为"顺时针"、"旋转直径"设置为 100.0，单击确定按钮，完成加工参数设置，生成刀具轨迹如图 5-26 所示。

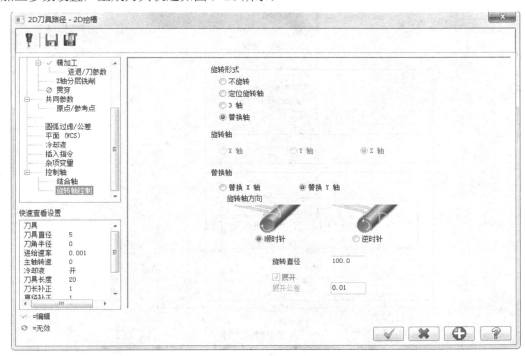

图 5-25　旋转轴控制选项设置

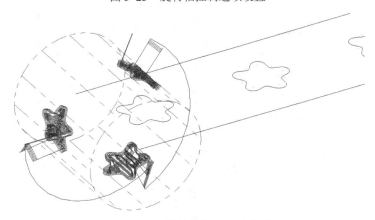

图 5-26　四轴挖槽加工刀具轨迹

4）实体模拟加工。单击"刀具操作管理器"对话框中的 按钮，系统弹出图 5-27 所示"验证"对话框，单击对话框中的"详细设置"选项，系统弹出"验证选项"对话框，如图 5-28 所示，按图进行选项设置，单击确定按钮，系统返回图 5-27 所示"验证"对话框，单击对话框中的播放按钮，系统开始实体切削验证，四轴挖槽实体验证结果如图 5-29 所示。

图 5-27 "验证"对话框

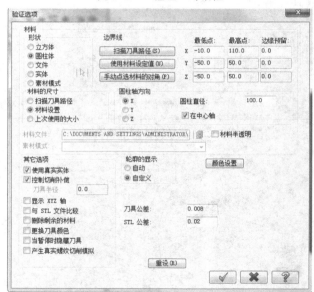

图 5-28 "验证选项"对话框

图 5-29 四轴挖槽实体验证结果

5）后处理。刀具轨迹生成后必须经过后处理才能转换为数控机床所能接收的 NC 代码，在操作管理器中先选择所要后处理的工序，在"刀具操作管理器"对话框中单击 G1 图标，系统弹出"后处理程序"对话框，如图 5-30 所示。Mastercam 系统默认发那科系统后处理，单击确定按钮 后，系统弹出图 5-31 所示"另存为"对话框，选择文件保存路径，文件命名为"梅花槽加工"，单击确定按钮 ，系统生成图 5-32 所示 NC 加工程序，可以根据实际情况对程序头和程序尾进行编辑。

图 5-30　"后处理程序"对话框　　　　　　　图 5-31　"另存为"对话框

图 5-32　后处理生成的 NC 代码

5. 环形线雕刻四轴加工

1）选择加工方法。选择菜单"刀具路径"—"外形铣削"选项，系统弹出图 5-15 所示的"串连选项"对话框，根据系统提示，分别选择已创建的直线 1、直线 2，如图 5-33 所示，单击确定按钮 ，系统弹出图 5-34 所示"2D 刀具路径-外形铣削"对话框。

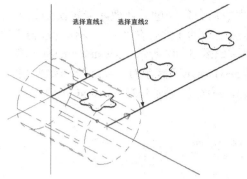

图 5-33　选择雕刻线

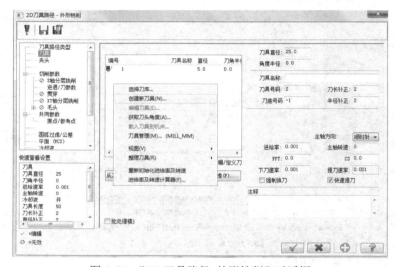

图 5-34　"2D 刀具路径-外形铣削"对话框

2）设置刀具。在图 5-34 中，选择左侧"刀具"选项，用鼠标右键在右边空白处单击，系统弹出"定义刀具-Machine Group-1"对话框，在"类型"选项卡中，选择刀具类型为"雕刻刀"，如图 5-35 所示，设置雕刻刀参数，如图 5-36 所示，单击确定按钮，完成刀具设置。

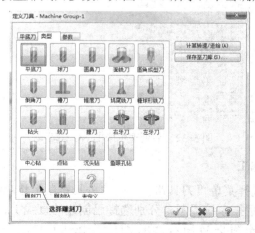

图 5-35　选择雕刻刀

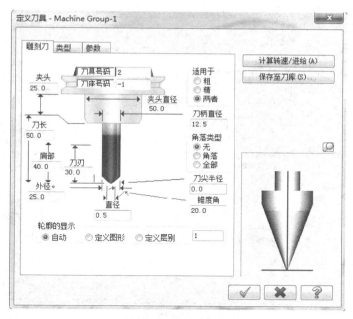

图 5-36　雕刻刀设置

3）设置加工参数。设置"刀具号码""刀长补正""半径补正"均为 2、"进给率"为 600.0、"下刀速率"为 100.0、"主轴转速"为 4000、"提刀速率"为"快速提刀"，如图 5-37 所示，单击确定按钮，完成切削用量设置。

图 5-37　切削用量设置

选择"切削参数"选项，如图 5-38 所示，将"补正方式"设置为"关"，其他参数默认。

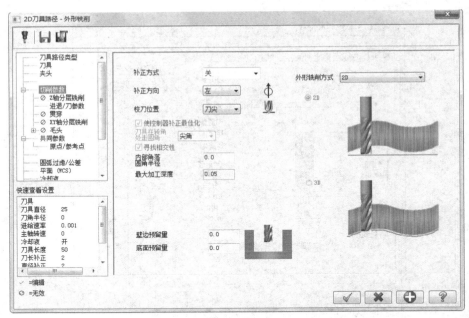

图 5-38　切削参数设置

在图 5-38 中，选择"共同参数"选项，设置加工"深度"为-1.0，其他采用默认设置，如图 5-39 所示。

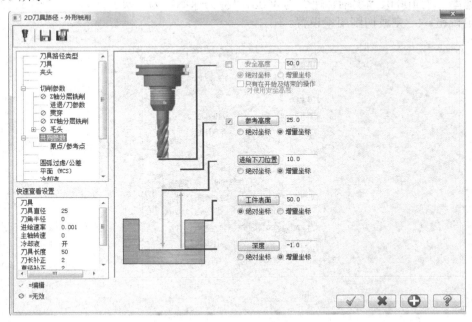

图 5-39　共同参数设置

选择"旋转轴控制"选项，如图 5-40 所示，设置"旋转形式"为"替换轴"、"替换轴"为"替换 Y 轴"、"旋转直径"为 100.0，单击确定按钮，完成切削参数设置，系统生成四轴旋转雕刻刀具轨迹，如图 5-41 所示。

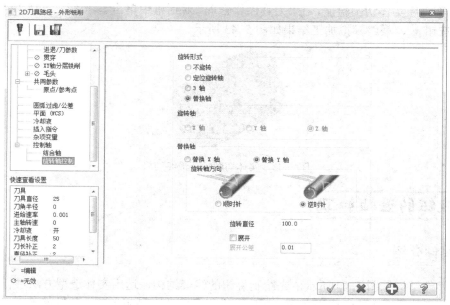

图 5-40　旋转轴控制参数设置

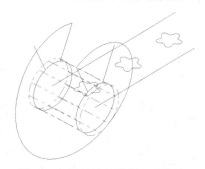

图 5-41　四轴旋转雕刻刀具轨迹

4）实体切削验证。单击"刀具操作管理器"对话框中的 按钮，系统弹出实体切削"验证"对话框，单击播放按钮 ，系统开始实体切削验证，四轴挖槽模拟结果如图 5-42 所示。

图 5-42　四轴挖槽模拟结果

5）全部工序实体切削验证。在"刀具操作管理"对话框中单击 ✓ 按钮，选择"全部工序"，单击播放按钮 ▶，最终模拟加工结果如图 5-43 所示。

图 5-43　实体切削验证最终结果

5.2　旋钮的五轴加工

5.2.1　零件介绍

旋钮零件结构如图 5-44 所示，先绘制旋钮的线架结构，运用实体造型方法进行挤出造型和布尔运算，最后由实体转化为曲面，然后再进行曲面的三轴粗加工、三轴精加工、沿边五轴精加工、沿面五轴精加工、多曲面五轴精加工。

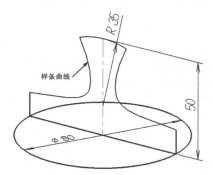

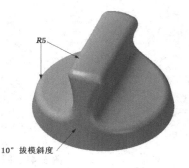

样条曲线点数据：

序号	X 坐标	Y 坐标	Z 坐标
1	-12.9	-2.3	0
2	-7.4	-17.5	0
3	-8.3	-30.1	0
4	-24.2	-36.1	0
5	-44.8	-38.1	0

图 5-44　旋钮线架与曲面结构尺寸

5.2.2　工艺分析

1. 零件形状和结构尺寸分析

该零件曲面通过实体造型转化而来，曲面的中间部分有内凹，三轴加工时刀具无法加工到曲面中间的位置，因此必须采用多轴加工技术，通过控制刀轴方向来完成零件的加工。

2．毛坯尺寸

毛坯采用经过精车的 ϕ80mm 圆柱形棒料，毛坯在预留装夹长度后总长为 80mm。

3．工件装夹

工件装夹在双转台五轴加工中心 C 轴回转台的自定心卡盘上，用杠杆百分表找正工件。

4．加工方案

由于三轴加工工艺系统刚性好、效率高，粗加工采用三轴加工方案，旋钮顶部采用三轴平行铣削精加工方案，两侧内凹曲面和圆角面采用五轴精加工方案。

5.2.3　相关知识

1．五轴加工技术简介

五轴机床在三个线性轴（X、Y、Z）的基础上增加了两个旋转轴（AB 轴、AC 轴或 BC 轴）运动，因此扩大了加工范围、改善了切削条件，可以有效避免刀具干涉。五轴加工技术首先是应用在具有复杂曲面的零件加工上，特别是在解决叶轮、叶片、船用螺旋桨、大型柴油机曲轴等方面具有独特的优势。因此，高精度、高速五轴联动加工技术对于一个国家的军事、航空航天、精密医疗设备、精密仪器等行业具有举足轻重的影响力。

2．五轴加工的优势

1）利用球刀加工时，倾斜刀具轴线后改善接触点的位置，如图 5-45 所示，可以提高加工质量和切削效率。

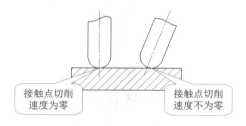

图 5-45　倾斜刀轴改善球刀接触点

2）多轴加工可把点接触改为线接触，从而提高加工质量，如图 5-46 所示。

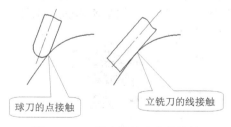

图 5-46　刀具点接触改为线接触

3）能够完成一般三轴数控机床所不能加工的复杂曲面，如类似倒勾曲面。

4）一次装夹便可完成全部或大部分加工工序，能够获得更高的加工精度、质量和效率。

5）对于直纹面类零件，可以采用侧刃方式一刀成形。

3. 常见五轴机床结构

1）双摆头五轴机床。工作台只能线性移动，两个旋转轴均在主轴上，如图 5-47 所示。这种结构的五轴机床由于刀具在空间摆动灵活，能加工较大尺寸的工件。很多大型龙门五轴加工中心都采用这种结构。

图 5-47　双摆头五轴机床

2）双转台五轴机床。双转台五轴机床又称摇篮五轴机床，刀轴方向不动，两个旋转轴均在工作台上，如图 5-48 所示，工件加工时随工作台旋转，通过转台相对运行改变加工部位。这种五轴机床须考虑装夹承重，适于加工体积小、重量轻的工件，加工过程中主轴始终为竖直方向，刚性比较好。

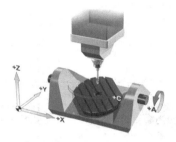

图 5-48　双转台五轴机床

3）摆头转台五轴机床。两个旋转轴分别在主轴和工作台上，工作台只旋转不摆动，主轴只在一个旋转平面内摆动，如图 5-49 所示。可装夹较大的工件，主轴改变刀轴方向灵活，其特点介于双转台与双摆头结构机床之间。

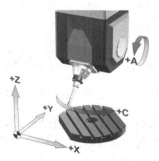

图 5-49　摆头转台五轴机床

5.2.4　操作创建

1. 旋钮线架的创建

打开 Mastercam X6 软件，按"F9"键打开十字光标，单击 图标，设置构图面为俯视图，在绘图区下面的状态栏里设置绘图状态和绘图深度为 2D 屏幕视角 平面 Z -50 ，单击绘制圆图标 ⊙▾，设置圆半径或直径为 40.0 80.0 ，捕捉坐标原点，单击上面的确定按钮 ，完成 φ80 圆的绘制，如图 5-50 所示。

单击工具栏中的 ▾ 图标，设置构图面为前视图，单击样条曲线 ↵▾ 图标，根据图 5-44 所示样条曲线点数据绘制样条曲线，首先在点坐标输入区域输入第一点坐标 X -12.9 Y -2.3 Z 0 ，按顺序再分别输入样条曲线 2、3、4、5 的点坐标，单击确定按钮 ，创建图 5-51 所示样条曲线。单击工具栏中的镜像按钮 ，根据系统提示，选取已创建的样条曲线，系统弹出图 5-52 所示"镜射选项"对话框，按图 5-52 所示设置选项，单击确定按钮 ，完成样条曲线镜像复制，如图 5-53 所示。

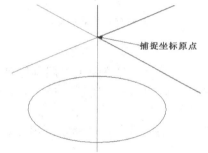

图 5-50　绘制 φ80 圆

图 5-51　左侧样条曲线

图 5-52　"镜射选项"对话框

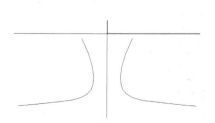

图 5-53　镜像样条曲线

单击绘制直线命令，在图 5-54 中分别捕捉 $\phi 80$ 圆的左右两个象限点，向上绘制垂线并与样条曲线相交。单击极坐标绘制圆弧图标，输入圆心坐标值 X 0.0　Y -35.0　Z 0.0，输入圆半径或直径值为 35.0　70.0，单击确定按钮，完成圆弧的绘制，如图 5-54 所示。单击修剪图标，对图形进行修剪操作，最终完成后的旋钮线架如图 5-55 所示。

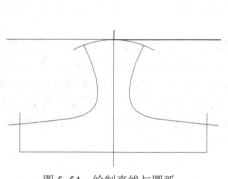

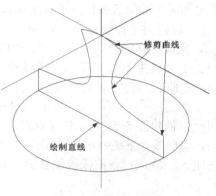

修剪曲线

绘制直线

图 5-54　绘制直线与圆弧　　　　　　　图 5-55　修剪后图形

2. 旋钮的实体造型

1）挤出实体。单击状态栏的层别图标 层别 1，系统弹出"层别管理"对话框，设置"层别号码"为 2、"层别名称"为"实体"，如图 5-56 所示，单击 按钮，系统退出"图层管理"对话框。

单击图 5-57 所示菜单"实体"—"挤出（X）"，系统弹出图 5-58 所示"串连选项"对话框。

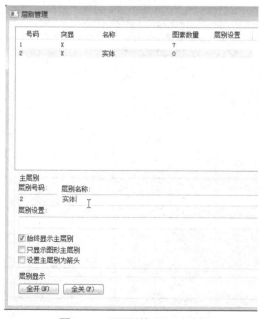

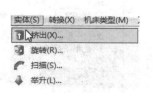

图 5-56　"层别管理"对话框　　　　　　图 5-57　实体菜单

　　选择图 5-55 所示样条曲线所在平面图形，系统弹出图 5-59 所示的"挤出串连"对话框，按图设置参数，单击确定按钮☑，完成图 5-60 所示挤出实体的创建。

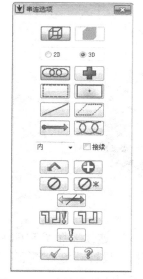

图 5-58　"串线选项"对话框

图 5-59　"挤出串连"对话框

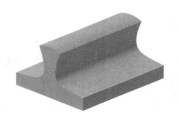

图 5-60　挤出实体

　　单击 🔲▼ 图标，设置构图面为俯视图，选择菜单"实体"—"挤出（X）"，系统弹出图 5-58 所示"串连选项"对话框，选择前面绘制的 $\phi80$ 圆，系统弹出图 5-61 所示"挤出串连"对话框，按图设置参数，单击确定按钮☑，完成圆锥体挤出，如图 5-62 所示。

图 5-61　"挤出串连"对话框

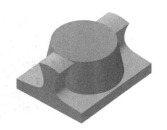

图 5-62　圆锥体挤出

2）布尔运算。单击菜单"实体"—"布尔运算"—"交集（C）"，连续选择所创建的两个实体，按回车键，完成实体交集运算，生成图 5-63 所示的旋钮实体。

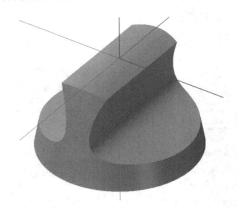

图 5-63　布尔交集运算

3）实体倒圆角。单击菜单"实体"—"倒圆角（F）"，连续选择图 5-64 所示的旋钮棱边，然后回车，系统弹出图 5-65 所示"倒圆角参数"对话框，设置圆角"半径"为 5.0，其他选项默认，单击确定按钮✓，完成实体倒圆角操作，如图 5-66 所示。

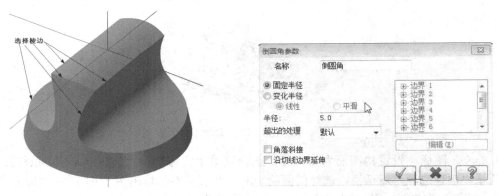

图 5-64　选择实体棱边　　　　　　　图 5-65　"倒圆角参数"对话框

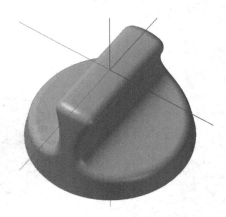

图 5-66　实体倒圆角后效果

3. 由实体转化曲面

1）设置图层 3。在数控加工中，为了方便选择零件局部曲面进行加工，一般要将实体转化为曲面。打开图层管理器，系统弹出图 5-56 所示"层别管理"对话框，设置"层别号码"为 3、"层别名称"为"曲面"，单击确定按钮✅，系统退出"层别管理"对话框。

2）由实体生成曲面。选择菜单"绘图"—"曲面"—"由实体生成曲面"，系统提示"请选择要产生曲面的主体或面"，选择旋钮实体，按回车键，然后单击确定按钮✅，完成旋钮曲面创建，再一次打开图层管理器，关闭图层 1、2，设置当前层为 3，最后所创建的曲面如图 5-67 所示。

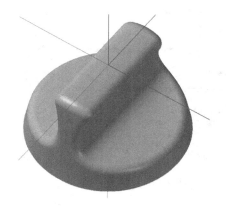

图 5-67　由实体生成曲面

4. 旋钮挖槽粗加工

1）配置五轴机床文件。单击菜单"机床类型"—"铣床"—"默认"，在"刀具操作管理器"对话框中自动生成图 5-68 所示的铣床群组，单击"文件"图标，系统弹出图 5-69 所示"机器群组属性"对话框，单击"替换"图标，系统弹出图 5-70 所示"打开机床定义文件"对话框，选择"MILL5-AXIS TABLE-TABLE HORIZONTAL MM.MMD-6"机床文件，这是一个双转台五轴机床文件，单击对话框中的"打开"按钮，系统返回"机器群组属性"对话框，单击确定按钮✅，完成机床文件替换。

图 5-68　"刀具操作管理器"对话框

图 5-69　替换机床操作文件

图 5-70　"打开机床定义文件"对话框

2）素材设置。单击"刀具操作管理器"对话框中的"素材设置"选项，系统弹出图 5-71 所示"机器群组属性"对话框，选择"素材设置"选项卡，设置毛坯"形状"为"圆柱体"、"轴向"为"Z"、毛坯直径为 80.0、长度为 50.0、"视角坐标在"为"X0　Y0　Z-50"，其他选项默认，单击选项按钮，完成素材设置。

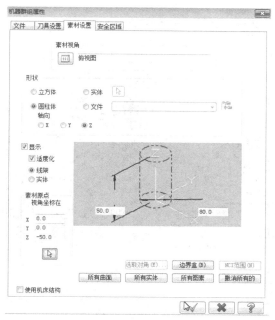

图 5-71　"素材设置"选项卡对话框

3）挖槽粗加工。选择菜单"刀具路径"—"曲面粗加工（R）"—"粗加工挖槽（K）"，系统弹出"全新的 3D 高级刀具路径优化功能"对话框，如图 5-72 所示，单击确定按钮，系统弹出"输入新的 NC 名称"对话框，如图 5-73 所示，在对话框中输入文件名"旋钮五轴加工"，单击确定按钮，系统提示"选择要加工的曲面"，选择旋钮所有曲面，然后按回车键，系统弹出图 5-74 所示"刀具路径的曲面选取"对话框，单击"边界范围"选项，系统弹出"串连选项"对话框，打开图层管理器，设置 1 层为可见层，单击确定按钮，将线架模型显示出来，捕捉图 5-75 所示ϕ80 为加工边界，系统弹出图 5-76 所示"曲面粗加工挖槽"对话框。

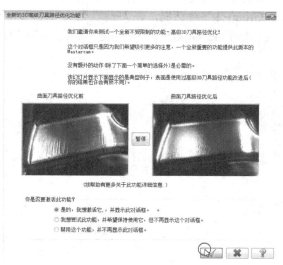

图 5-72　"全新的 3D 高级刀具路径优化功能"对话框

图 5-73　"输入新的 NC 名称"对话框

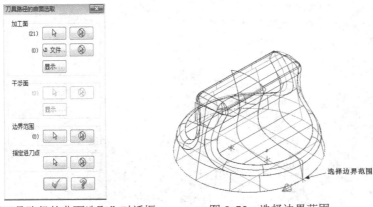

图 5-74 "刀具路径的曲面选取"对话框   图 5-75 选择边界范围

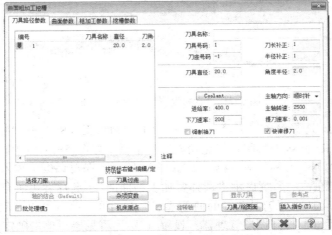

图 5-76 "曲面粗加工挖槽"对话框

在图 5-76 右侧空白处单击鼠标右键，系统弹出右键菜单，选择"创建刀具（N）"选项，系统弹出图 5-77 所示"定义刀具-Machine Group-1"对话框，在刀具"类型"选项卡中选择"圆鼻刀"类型，系统弹出新的"刀具定义-Machine Group-1"对话框，如图 5-78 所示，按图设置刀具参数。

图 5-77 "定义刀具-Machine Group-1"对话框

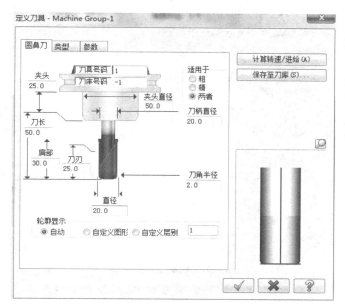

图 5-78　设置圆鼻刀参数

在图 5-76 中，设置"进给率"为 400.0、"下刀速率"为 200、"主轴转速"为 2500、"提刀速率"为"快速提刀"，设置"刀具号码""刀长补正""半径补正"均为 1，其他选项默认。

选择"曲面参数"选项卡，如图 5-79 所示，设置"加工面预留量"为 0.3，"刀具切削范围"选择"外"，勾选"总补正"选项，设置"总补正"值为 15，其他选项默认。

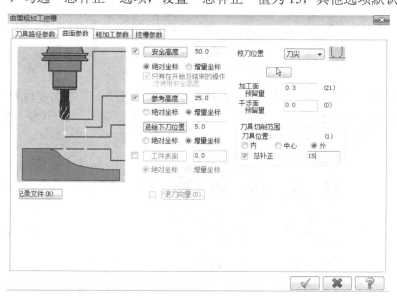

图 5-79　曲面参数设置

选择"粗加工参数"选项卡，如图 5-80 所示，设置"整体误差"为 0.025、"Z 轴最大进给量"为 1，选择"螺旋式下刀"方式。单击"切削深度"选项，系统弹出图 5-81 所示"切削深度设置"对话框，按图设置参数，单击确定按钮✓，系统返回"曲面粗加工挖槽"对话框。

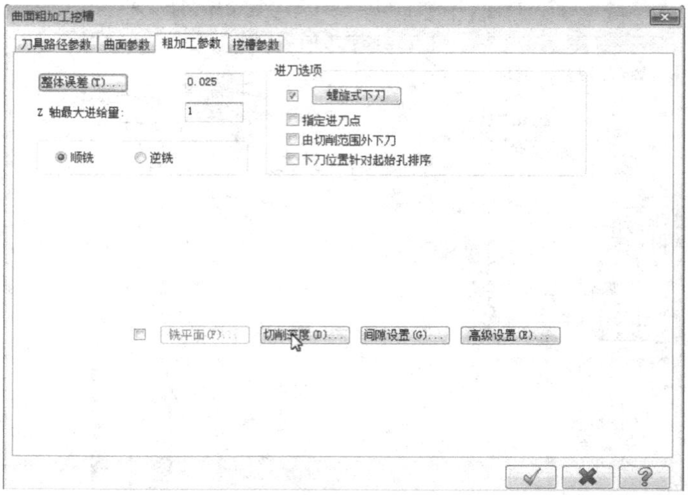

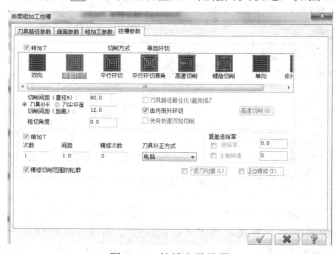

图 5-80　粗加工参数设置

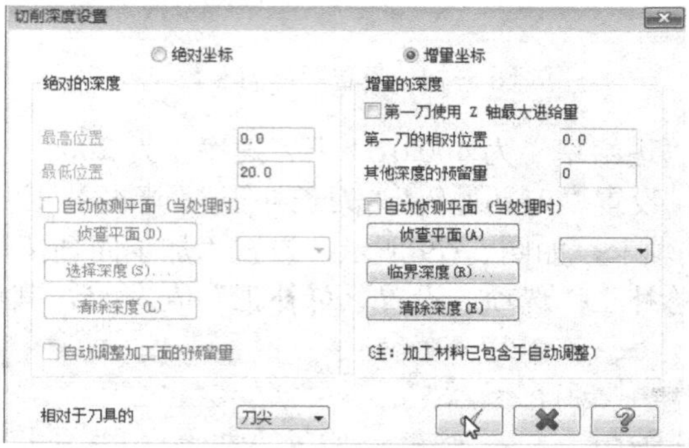

图 5-81　切削深度设置

选择"挖槽参数"选项卡，如图 5-82 所示，设置"粗加工"切削方式为"等距环切"，其他选项默认，单击确定按钮√，系统生成粗加工挖槽刀具轨迹，如图 5-83 所示。

图 5-82　挖槽参数设置

选中所创建的粗加工挖槽工序，单击"刀具操作管理"对话框中的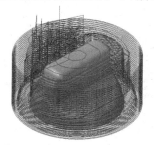按钮，进行快速实体切削验证，加工后的结果如图 5-84 所示。

图 5-83　粗加工挖槽刀具轨迹　　　　图 5-84　实体切削验证结果

5. 旋钮顶面平行铣削精加工

选择菜单"刀具路径"—"曲面精加工"—"精加工平行铣削"，系统弹出"全新的 3D 高级刀具路径优化功能"对话框，单击确定按钮✓，系统提示"选择加工曲面"，选择图 5-85 所示模型的顶面（包括四周圆角），然后按回车键，系统弹出图 5-74 所示"刀具路径的曲面选取"对话框，单击确定按钮✓，系统弹出图 5-86 所示"曲面精加工平行铣削"对话框。

按照前面定义刀具的方法创建 ϕ 10mm 的球刀，"刀具号码""刀长补正""半径补正"设置为 2、"进给率"为 400.0、"下刀速率"为 200.0、"主轴转速"为 3000、"提刀速率"为"快速提刀"。

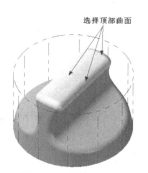

图 5-85　选择旋钮顶面

图 5-86　"曲面精加工平行铣削"对话框

选择"曲面参数"选项卡，如图 5-87 所示，按图设置参数。

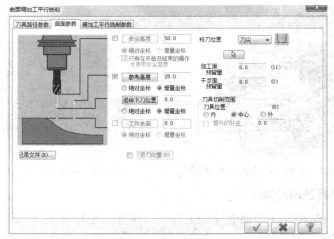

图 5-87　曲面参数设置

选择图 5-88 所示"精加工平行铣削参数"选项卡，按图设置参数，单击确定按钮✓，系统生成图 5-89 所示平行铣削精加工刀具轨迹。

图 5-88　精加工平行铣削参数设置

图 5-89　平行铣削精加工刀具轨迹

在"刀具操作管理器"对话框中，单击 按钮进行刀轨仿真，通过观察刀具的运动来检验刀具轨迹的合理性。

6. 旋钮锥面沿边五轴精加工

1）构建辅助曲面。打开图层管理器，设置"图层号码"为4、"层别命名"为"辅助曲面"，同时设置构图面为俯视图，单击牵引曲面图标 ◈ ▾ ，系统弹出"串连选项"对话框，选择图5-90所示φ80圆，单击"串连选项"对话框中的确定按钮 ☑ ，系统弹出图5-91所示的"牵引曲面"对话框，设置牵引距离为50.0、拔模斜度为10.0°，根据实际情况调整拔模方向，完成辅助曲面绘制，如图5-90所示。

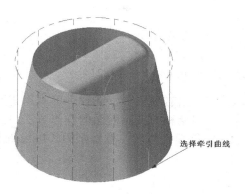

图5-90 辅助曲面的绘制图

图5-91 "牵引曲面"对话框

2）沿边五轴精加工。选择菜单"刀具路径"—"多轴刀具路径"，系统弹出"多轴刀具路径-沿边五轴"对话框，如图5-92所示，在右侧选择"沿边五轴"选项，然后在左侧列表框中选择"刀具"选项，如图5-93所示。

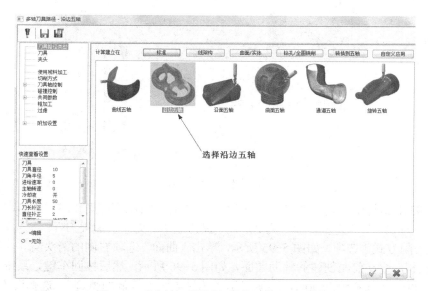

图5-92 "多轴刀具路径-沿边五轴"对话框1

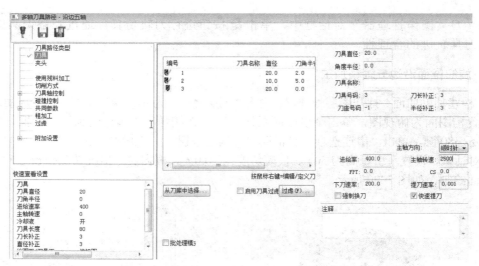

图 5-93 "多轴刀具路径-沿边五轴"对话框 2

在图 5-93 右侧空白处单击鼠标右键，系统弹出右键菜单，选择菜单"创建刀具（N）"选项，系统弹出"定义刀具-Machine Group-1"对话框，按照前面的操作方法，创建图 5-94 所示 ϕ20mm 平底刀，由于锥面采用侧刃加工，创建刀具时注意切削刃长度设置要大于圆锥面的长度。

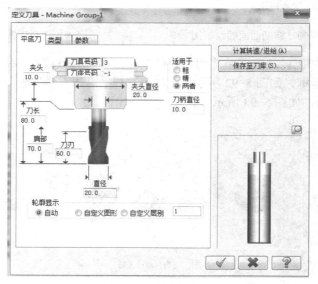

图 5-94 创建平底刀

在图 5-93 对话框中，设置"刀具号码""刀长补正""半径补正"为 3、进给率为 400.0、"下刀速率"为 200.0、"主轴转速"为 2500、"提刀速率"为"快速提刀"。

选择"切削方式"选项，如图 5-95 所示，单击"曲面"选项右侧的箭头 ，系统提示"请选择壁边曲面"，选择前面创建的辅助曲面，如图 5-96 所示，然后按回车键，系统提示"选择第一曲面"，再一次选择辅助曲面，系统提示"选择第一个较低的轨迹"，选择图 5-96 所示辅助曲面下边缘，系统弹出"设置边界方向"对话框，根据实际情况可以通过单击"切换方向"

按钮来改变边界方向，单击确定按钮 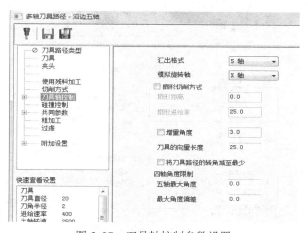，系统返回图 5-93 所示"多轴刀具路径-沿边五轴"
对话框。"切削方式"其他选项采用系统默认值。

选择"刀具轴控制"选项，如图 5-97 所示，设置"汇出格式"为"5 轴"、"模拟旋转轴"
为"X 轴"、"刀具的向量长度"为"25.0"，其他选项默认。

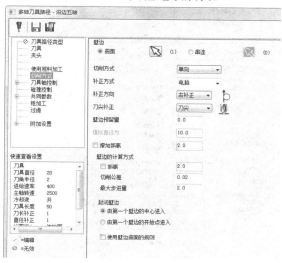

图 5-95 切削方式选项卡

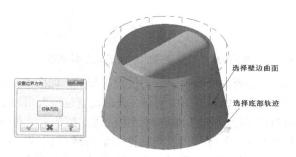

图 5-96 选择壁边曲面和底部轨迹

图 5-97 刀具轴控制参数设置

　　选择"碰撞控制"选项，如图 5-98 所示，设置"刀尖控制"选项为"曲面"，单击"补正曲面"右边的箭头，系统弹出图 5-99 所示"刀具路径的曲面选取"对话框，单击对话框中箭头图标，选择辅助曲面，单击按钮，系统返回"多轴刀具路径-沿边五轴"对话框。

图 5-98　碰撞控制参数设置

图 5-99　"刀具路径的曲面选取"对话框

　　选择"共同参数"选项，设置安全高度、下刀位置等参数，如图 5-100 所示。将"共同参数"选项展开，设置"进/退刀"选项，如图 5-101 所示，合理设置进退刀可以避免进退刀时产生碰撞。设置完成后，单击"多轴刀具路径-沿边五轴"对话框的确定按钮，系统生成图 5-102 所示沿边五轴加工刀具轨迹，在"刀具操作管理器"对话框中单击按钮进行刀轨仿真，通过观察刀具的运动来检验刀具轨迹合理性。打开图层管理，关闭图层 4，系统将不再显示辅助圆锥面。

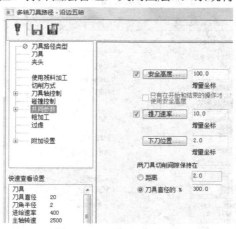

图 5-100　共同参数设置

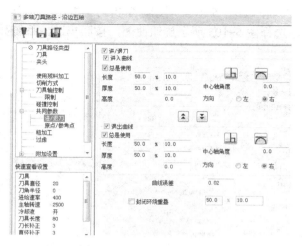

图 5-101　进/退刀选项设置

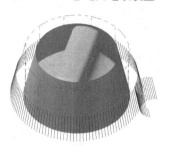

图 5-102　沿边五轴刀具轨迹

7. 旋钮沿面五轴加工

选择菜单"刀具路径"—"多轴刀具路径",系统弹出 5-92 所示"多轴刀具路径-沿边五轴"对话框,在对话框右侧选择"沿面五轴"选项,系统显示图 5-103 所示"多轴刀具路径-沿面五轴"对话框,在对话框左侧选择"刀具"选项,选择已创建的 ϕ10mm 球刀,设置"进给率"为 400.0、"下刀速率"为 200.0、"主轴转速"为 3000、"提刀速率"为"快速提刀"。

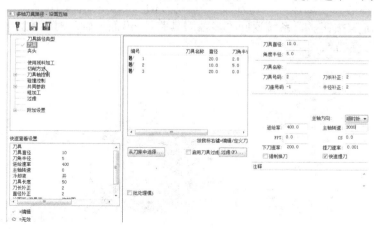

图 5-103　"多轴加工路径-沿面五轴"对话框

选择"切削方式"选项，如图 5-104 所示，单击对话框中"曲面"选项右侧的图标，系统提示"选择曲面"，选择图 5-105 所示旋钮曲面，按回车键，系统弹出图 5-106 所示"曲面流线设置"对话框。

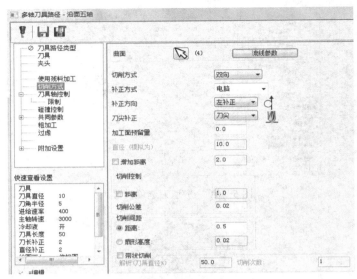

图 5-104　沿面五轴切削方式选项设置

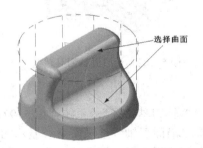

图 5-105　选择加工曲面

可以根据实际情况，选择"补正方向""切削方向""起始点"的位置，按图 5-106 设置切削方向，单击确定按钮，系统返回"多轴刀具路径-沿面五轴"对话框，设置"切削间距"选项中的"距离"为 0.5。

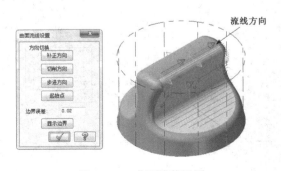

图 5-106　曲面流线设置

选择图 5-107 所示"刀具轴控制"选项，设置"刀具轴向控制"为"曲面模式"、"汇出格式"为"5 轴"、"模拟旋转轴"为"X 轴"、"增量角度"为 3.0、"刀具的向量长度"为 25.0。

图 5-107　沿面五轴刀具轴控制选项设置

选择图 5-108 所示"碰撞控制"选项，单击"补正曲面"右侧的，系统弹出图 5-99 所示的"刀具路径的曲面选取"对话框，单击对话框中的，系统提示"选择多曲面"，选择图 5-105 所示曲面，按回车键，系统返回"刀具路径的曲面选取"对话框，单击确定按钮，系统返回"多轴刀具路径-沿面五轴"对话框。

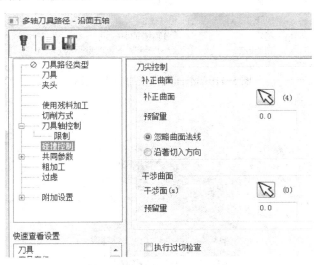

图 5-108　沿面五轴碰撞控制选项设置

选择"共同参数"选项，如图 5-109 所示，设置"安全高度""下刀位置"等选项。

选择"粗加工"选项，如图 5-110 所示，勾选"深度切削"选项，设置"粗切次数"为 3、"粗切步进量"为 1.0、"精修次数"为 1、"分层铣削的顺序"为"依照深度"，单击"多轴刀具路径-沿面五轴"对话框中的确定按钮，系统生成刀具轨迹，如图 5-111 所示。

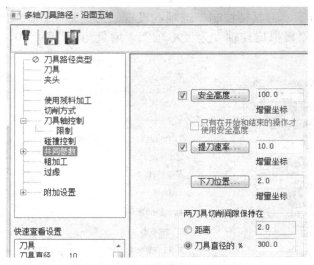

图 5-109　沿面五轴共同参数设置

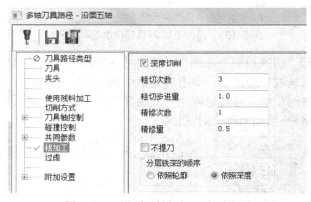

图 5-110　沿面五轴粗加工选项设置

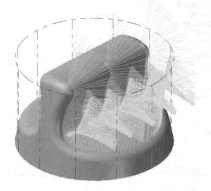

图 5-111　五轴沿面加工刀具轨迹

8. 旋钮多曲面五轴精加工

选择菜单"刀具路径"—"多轴刀具路径"，系统弹出"多轴刀具路径-曲面五轴"对话框，在右侧选择"沿面五轴"选项，如图 5-112 所示。

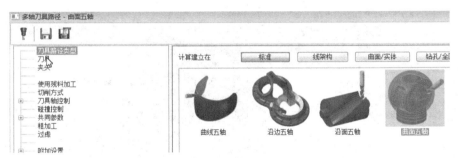

图 5-112　"多轴刀具路径-曲面五轴"对话框

在左侧列表框中选择"刀具"选项，选择已创建的ϕ10mm 球刀，设置"进给率"为 400、"下刀速率"为 200、"主轴转速"为 2500、"提刀速率"为"快速提刀"。

选择"切削方式"选项，如图 5-113 所示，"模式选项"选择"曲面（s）"，单击右侧的 图标，同时系统提示"选择刀具曲面样式（S）"，选择图 5-114 所示倒角圆弧面，按回车键，系统弹出图 5-115 所示"曲面流线设置"对话框，根据图示更改流线方向，单击确定按钮，系统返回"切削方式"选项，设置"切削公差"为 0.02、"截断方向步进量"为 1.0、"引导方向步进量"为 1.0，其他选项采用系统默认。

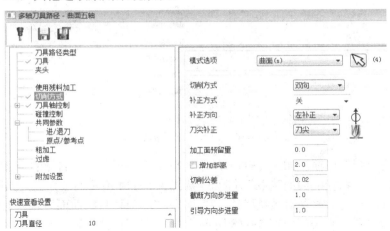

图 5-113　切削方式参数设置

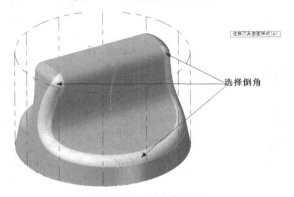

图 5-114　选择加工面

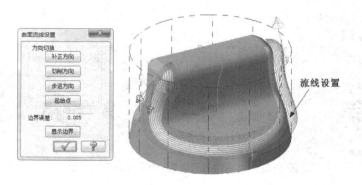

图 5-115　曲面流线设置

　　选择"刀轴控制"选项，如图 5-116 所示，设置"刀具轴向控制"方式为"曲面模式"、"汇出格式"为"5 轴"、"旋转模拟轴"为"X 轴"，其他选项采用系统默认值。

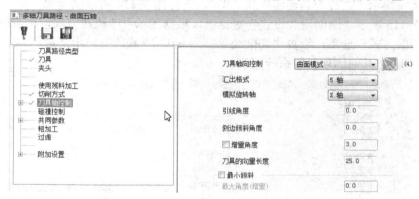

图 5-116　刀具轴控制选项设置

　　选择"碰撞控制"选项，如图 5-117 所示，单击"补正曲面"右侧的 图标，系统弹出图 5-99 所示的"刀具路径的曲面选取"对话框，选择图 5-114 所示的圆角面，单击确定按钮 ，完成曲面的选取，其他参数采用系统默认，单击"多轴刀具路径-曲面五轴"对话框的确定按钮 ，完成参数设置，系统生成图 5-118 所示的曲面五轴加工轨迹。

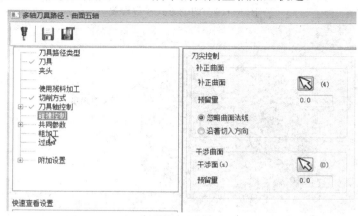

图 5-117　碰撞控制选项设置

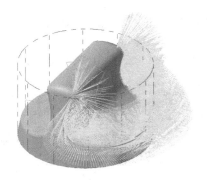

图 5-118　曲面五轴刀具轨迹

9. 刀具路径转换

按住"Ctrl"键，同时连续选择"沿面五轴"和"多曲面五轴"两个工序，单击鼠标右键，系统弹出右键菜单，如图 5-119 所示，选择右键菜单"铣床刀具路径"—"路径转换"，系统弹出图 5-120 所示"转换操作参数设置"对话框。

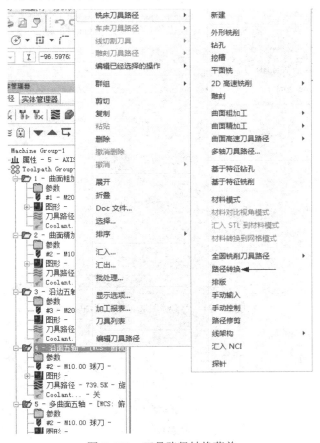

图 5-119　刀具路径转换菜单

在"刀具路径转换类型与方式"选项卡中，选择转换"形式"为"镜射"、"方式"为"坐标"、"NCI 输出顺序"为"操作类型"，其他选项采用系统默认，在图 5-121 所示"镜射"选项卡中，设置镜像参数，单击确定按钮 ✅，完成刀具路径转换设置，系统生成镜像后刀具轨迹，如图 5-122 所示。

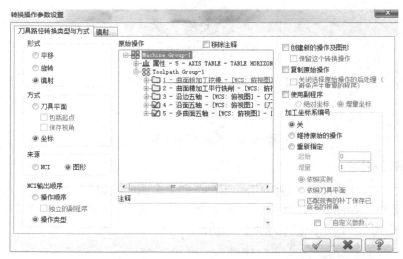

图 5-120 "转换操作参数设置"对话框

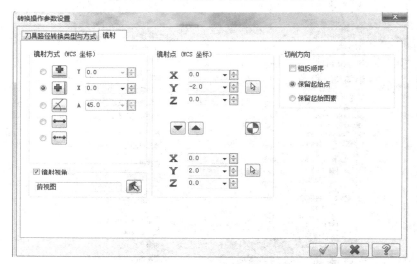

图 5-121 "镜射"选项卡对话框

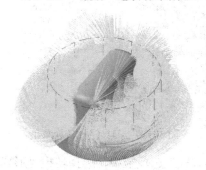

图 5-122 镜像后的刀具轨迹

在"刀具操作管理"对话框中选择所有的工序，单击实体切削验证图标，单击播放按钮，系统开始实体切削验证，最终模拟加工结果如图 5-123 所示。

图 5-123　旋钮实体切削验证结果

5.3　小结

Mastercam 系统具有强大的四、五轴加工功能。在本课程四轴加工案例中，主要讲解了通过"替换轴"的方法完成圆柱面的挖槽和雕刻的四轴加工，由于这种四轴加工方法方便快捷，因此在实际生产中得到广泛应用。在五轴加工案例中，主要讲解了 Mastercam 多轴加工方法中比较典型的沿边五轴、沿面五轴、多曲面五轴加工方法。此外，Mastercam 系统还开发了叶轮加工专用模块。

5.4　练习与思考

1. 笔筒四轴雕刻

笔筒上图案尺寸如图 5-124 所示，试完成笔筒雕刻，雕刻深度为 0.5mm（笔筒毛坯尺寸、字体大小自定）

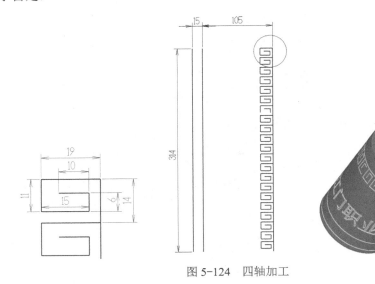

图 5-124　四轴加工

2. 五轴加工

根据图形结构，自定尺寸绘制图 5-125 所示三维模型，并采用多轴加工方法完成零件的加工。

图 5-125　五轴加工

参 考 文 献

[1] 李万全，高长银，刘红霞. Mastercam X4 多轴数控加工基础与典型范例[M]. 北京：电子工业出版社，2011.

[2] 王树勋. Mastercam X2 实用教程[M]. 北京：电子工业出版社，2009.

[3] 郑金，邓晓阳. Mastercam X2 应用与实例教程[M]. 北京：人民邮电出版社，2009.

[4] 何满才. Mastercam X 数控编程与加工实例精讲[M]. 北京：人民邮电出版社，2007.

[5] 何满才. Mastercam X 习题精解[M]. 北京：人民邮电出版社，2008.